国家建筑标准设计图集11SJ937-3

不同地域特色村镇住宅
结构与建筑构造图集 1. 建筑构造
（试用图）

批准部门：中华人民共和国住房和城乡建设部
组织编制：同济大学建筑与城市规划学院

中国建筑工业出版社

图书在版编目（CIP）数据

国家建筑标准设计图集11SJ937-3. 不同地域特色村镇住宅　结构与建筑构造图集 1. 建筑构造（试用图）. 同济大学建筑与城市规划学院组织编制. —北京：中国建筑工业出版社，2012.3
ISBN 978-7-112-14094-7

Ⅰ.①国… Ⅱ.①同… Ⅲ.①建筑设计–中国–图集②农村住宅–建筑构造–中国–图集 Ⅳ.①TU206②TU241.4-64

中国版本图书馆CIP数据核字（2012）第038348号

责任编辑：滕云飞
责任设计：陈　旭
责任校对：姜小莲　王雪竹

国家建筑标准设计图集11SJ937-3
不同地域特色村镇住宅
结构与建筑构造图集 1. 建筑构造
（试用图）
批准部门：中华人民共和国住房和城乡建设部
组织编制：同济大学建筑与城市规划学院
＊
中国建筑工业出版社出版、发行（北京西郊百万庄）
各地新华书店、建筑书店经销
华鲁印联（北京）科贸有限公司制版
北京世知印务有限公司印刷
＊
开本：787×1092毫米　1/16　印张：10½　字数：254千字
2012年3月第一版　　2012年3月第一次印刷
定价：28.00元
ISBN 978-7-112-14094-7
（22144）
版权所有　翻印必究
如有印装质量问题，可寄本社退换
（邮政编码　100037）

不同地域特色村镇住宅
结构与建筑构造图集 1.建筑构造（试用图）

批准部门	中华人民共和国住房和城乡建设部	批准文号	建质[2011]110号
主编单位	同济大学建筑与城市规划学院	统一编号	GJBT-1173
实行日期	二〇一一年九月一日施行	图集号	11SJ 937-3

主编单位负责人

主编单位技术负责人

技 术 审 定 人

设 计 负 责 人

目　录

目　录								图集号	11SJ 937-3
审核	颜宏亮		校对	陈镌	陈镌	设计	孟刚	页	1

	目　录	图集号	11SJ 937-3
审核 颜宏亮 [签名] 校对 陈镌 陈镌 设计 孟刚 [签名]		页	2

目　录		图集号	
审核 颜宏亮 　　　　校对 陈镌	陈镌 设计 孟刚	页	3

	目　录		图集号	
审核 颜宏亮	校对 陈镌	陈镌 设计 孟刚	页	4

说　　明

1　编制依据

中华人民共和国住房和城乡建设部建质函[2010]95号文《2010年国家建筑标准设计编制工作计划》，2010年04月30日发布。

中华人民共和国住房和城乡建设部建筑节能与科技司、科学技术部农村科技司《村镇宜居型住宅技术推广目录》、《既有建筑节能改造技术推广目录》，2010年05月21日发布。

《民用建筑设计通则》　GB 50352—2005

《住宅设计规范》　GB 50096—1999（2003年版）

《建筑模数协调统一标准》　GBJ 2—86

《住宅建筑模数协调标准》　GB/T 50100—2001

《建筑设计防火规范》　GB 50016—2006

《砌体结构设计规范》　GB 50003—2001

《建筑抗震设计规范》　GB 50011—2010

《民用建筑热工设计规范》　GB 50176—93

《民用建筑节能设计标准（采暖居住建筑部分）》JGJ 26—95

《夏热冬冷地区居住建筑节能设计标准》　JGJ 134—2010

《夏热冬暖地区居住建筑节能设计标准》　JGJ 75—2003

《混凝土小型空心砌块建筑技术规程》　JGJ/T 14—2004

《屋面工程技术规范》GB 50345—2004

《建筑地面设计规范》GB 50037—96

《民用建筑隔声设计规范》GBJ 118—1988（2007年版）

《建筑结构设计术语和符号标准》GB/T 50083

《建筑结构制图标准》GB/T 50105—2001

本图集出版后，以上规范、规程若有修改，应按新规范、规程执行。

2　适用范围

2.1　本图集适用于一、二层一般村镇住宅建筑设计。

2.2　本图集适用于全国不同的建筑气候区域。

2.3　本图集适用于非抗震设计和抗震设防烈度不大于8度地区。

2.4　本图集所提供的村镇住宅结构体系、建筑围护结构、建筑构配件及其建筑构造，在建筑高度、抗震构造措施、热工等方面有相应的适用范围，见有关部分说明。

2.5　本图集所编入的内容，均为技术可靠、工艺成熟、使用量大的项目。对于装修标准和施工构造技术及工艺要求高的做法，可由设计人员另绘施工构造详图。

2.6　本图集针对村镇住宅建设的特点，在内容编写上力图体现村镇住宅结构与构造技术方面的实施性、安全性、前瞻性和地方性；注重新材料、新结构和新技术的应用；同时充分考虑建设的经济成本，逐步提升建筑工业化、构配件标准化与技术集成化水平，以改善和提高村镇住宅建设的功能与质量。

2.7　本图集以轴测图等形式表达村镇住宅构造技术与细部节点，便于农村中施工人员看懂、理解图集的内容。

3　图集内容

3.1　《不同地域特色村镇住宅结构与建筑构造图集》分1、2两册：，1.建筑构造，2.结构。

说　　明						图集号	
审核	颜宏亮	校对	陈镳	设计	孟刚	页	5

3.2 本图集为1.建筑构造。内容包括村镇住宅各类结构体系涉及的建筑围护结构与建筑构配件两部分的建筑构造详图。

3.3 村镇住宅建筑围护结构体系，主要包括各类内外墙体、屋面、楼地面及门窗等构造详图。建筑围护结构主要解决防水、防潮与保温隔热等基本构造技术，有利于提高村镇住宅建筑的使用性能，促进村镇住宅的节能。

3.4 村镇住宅建筑构配件主要包括隔墙、楼梯、阳台、雨篷及台阶等构造详图。具有性能可靠、构造技术合理等特点。

4 村镇住宅建筑构造图集设计说明

4.1 村镇住宅不同材料围护结构系统（防水、防潮与保温隔热等）构造技术。

4.1.1 内外墙体。分砖砌体、小型混凝土空心砌块、夹心保温墙体、生土墙体及石砌体等几种材料与相关构造技术。

4.1.2 楼地面。各类楼地面相关构造技术。

4.1.3 屋面。分平屋顶与坡屋顶两种，分别为各类钢筋混凝土平、坡屋面、木屋架瓦材屋面、彩钢压型板屋面及茅草屋面等相关构造技术。

4.1.4 门窗。各类门窗土建安装与细部构造技术。

4.2 村镇住宅建筑构配件设计与构造技术。

4.2.1 隔墙构件细部构造技术。

4.2.2 楼梯构件细部构造技术。

4.2.3 阳台构件细部构造技术。

4.2.4 雨篷构件细部构造技术。

4.2.5 外檐装饰构件细部构造技术。

5 其他

5.1 本图集相关构造技术宜结合当地的实际情况与施工图设计。

5.2 设计选用本图集构造做法中的各种材料，其产品质量、性能、规格等必须符合国家、地方或相关行业的有关标准及规定。

5.3 工程中所选的材料如与工程所在地的施工技术、构造做法或材料品种不符，必要时可在图集规定的相应条件下更换成当地成熟的施工构造技术及材料，并在施工图中注明。

5.4 本图集所注尺寸均以mm为单位。

5.5 本图集详图索引方法：

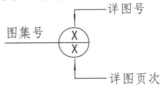

								图集号	
			说　　明						
审核	颜宏亮		校对	陈镌	陈镌	设计	孟刚	页	6

不同材料围护结构系统构造技术

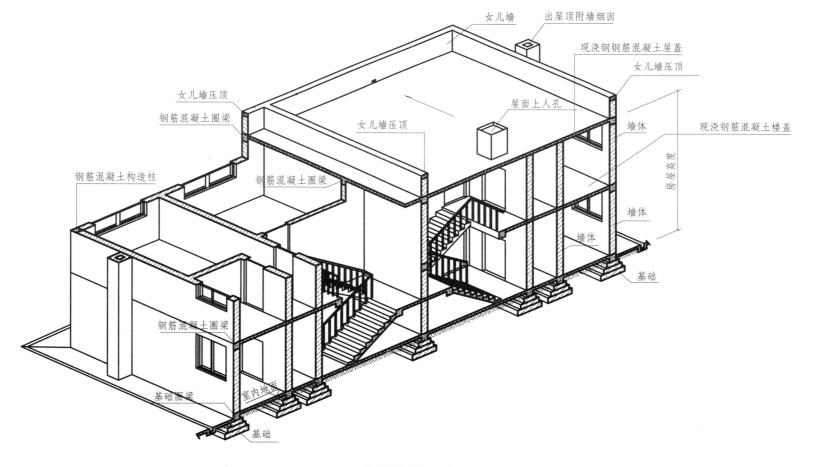

女儿墙
出屋顶附墙烟囱
现浇钢钢筋混凝土屋盖
女儿墙压顶
女儿墙压顶
钢筋混凝土圈梁
屋面上人孔
女儿墙压顶
墙体
现浇钢筋混凝土楼盖
钢筋混凝土构造柱
钢筋混凝土圈梁
墙体
房屋高度
墙体
钢筋混凝土圈梁
基础
基础圈梁
室内地面
基础

房屋构造示意

房屋构造示意		图集号	
审核 颜宏亮	校对 陈镌 陈镌	设计 孟刚	页 7

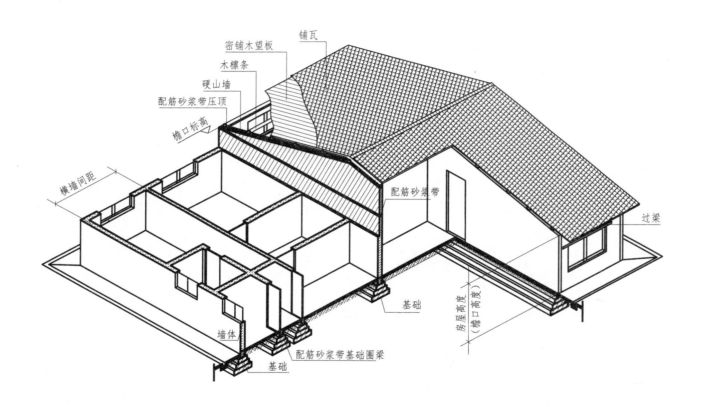

铺瓦

密铺木望板

木檩条

硬山墙

配筋砂浆带压顶

檐口标高

横墙间距

配筋砂浆带

过梁

基础

房屋高度（檐口高度）

墙体

基础

配筋砂浆带基础圈梁

基础

房屋构造示意（单层坡屋顶）

房屋构造示意（单层坡屋顶）		图集号	
审核 颜宏亮 校对 陈镌 设计 孟刚		页	8

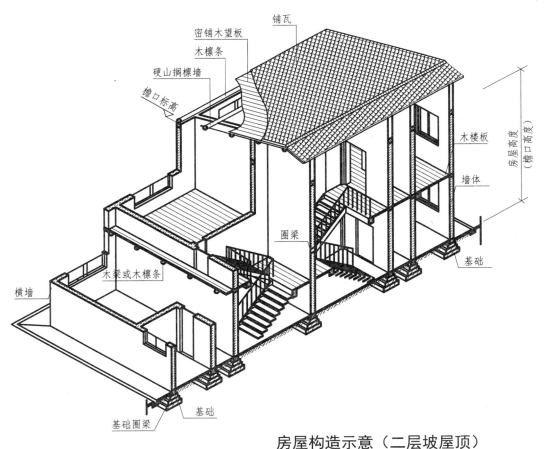

铺瓦
密铺木望板
木檩条
硬山搁檩墙
檐口标高
木楼板
墙体
圈梁
基础
木梁或木檩条
横墙
基础
基础圈梁
房屋高度
（檐口高度）

房屋构造示意（二层坡屋顶）

房屋构造示意（二层坡屋顶）		图集号	
审核 颜宏亮 校对 陈镌 设计 孟刚		页	9

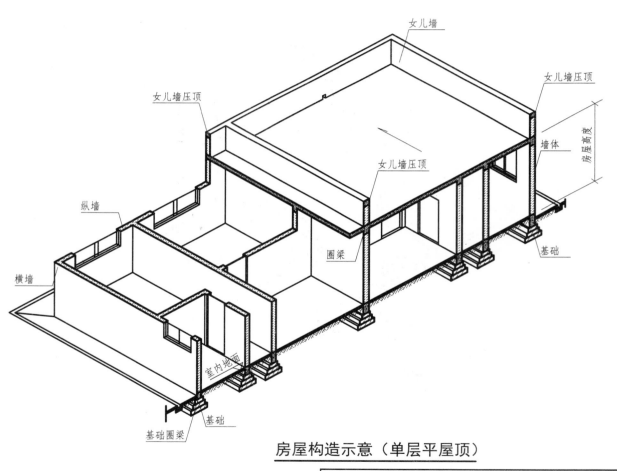

女儿墙

女儿墙压顶

女儿墙压顶

女儿墙压顶

墙体

房屋高度

纵墙

圈梁

基础

横墙

室内地面

基础

基础圈梁

房屋构造示意（单层平屋顶）

房屋构造示意（单层平屋顶）	图集号	
审核 颜宏亮 三公众 校对 陈镛 陈镛 设计 孟刚 孟刚	页	10

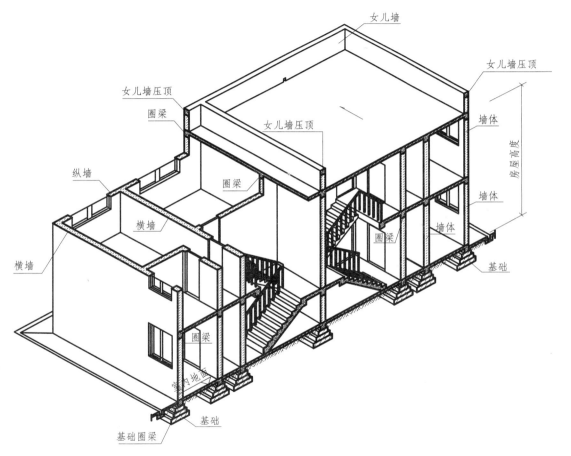

女儿墙

女儿墙压顶

女儿墙压顶

女儿墙压顶

圈梁

圈梁

圈梁

圈梁

纵墙

横墙

横墙

墙体

墙体

墙体

房屋高度

基础

室内地面

基础

基础圈梁

房屋构造示意（二层平屋顶）

房屋构造示意（二层平屋顶）	图集号	
审核 颜宏亮 校对 陈镌 陈镌 设计 孟刚	页	11

墙体
砖砌体构造

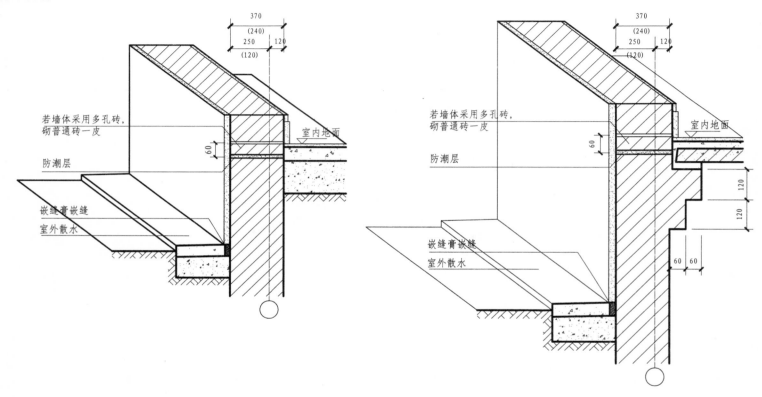

370
(240)
250 120
(120)

60

若墙体采用多孔砖，砌普通砖一皮

室内地面

防潮层

嵌缝膏嵌缝

室外散水

① 外墙勒脚轴测示意图

370
(240)
250 120
(120)

60

若墙体采用多孔砖，砌普通砖一皮

室内地面

防潮层

120

120

嵌缝膏嵌缝

室外散水

60 60

② 外墙勒脚轴测示意图

砖砌体外墙勒脚构造轴测图	图集号	
审核 颜宏亮 ____ 校对 陈镌 陈镌 设计 孟刚 孟刚	页	12

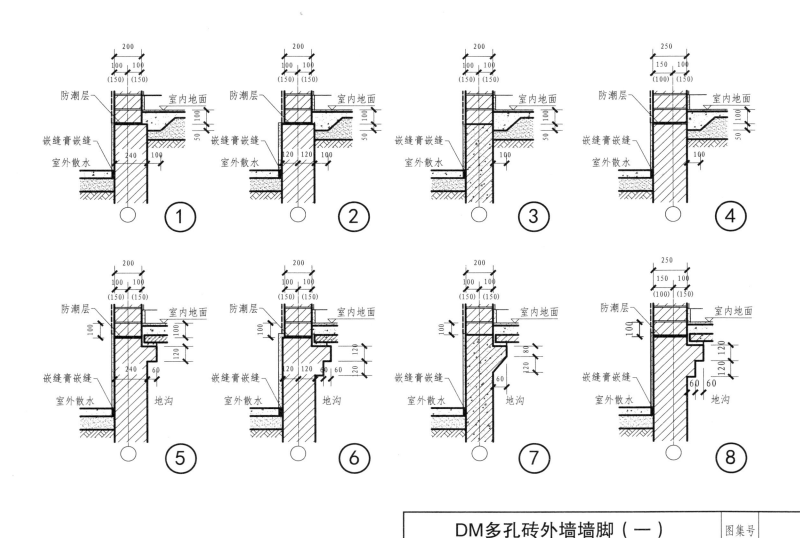

DM多孔砖外墙墙脚（一）

审核	颜宏亮		校对	陈镌	陈镌	设计	孟刚		图集号	
									页	13

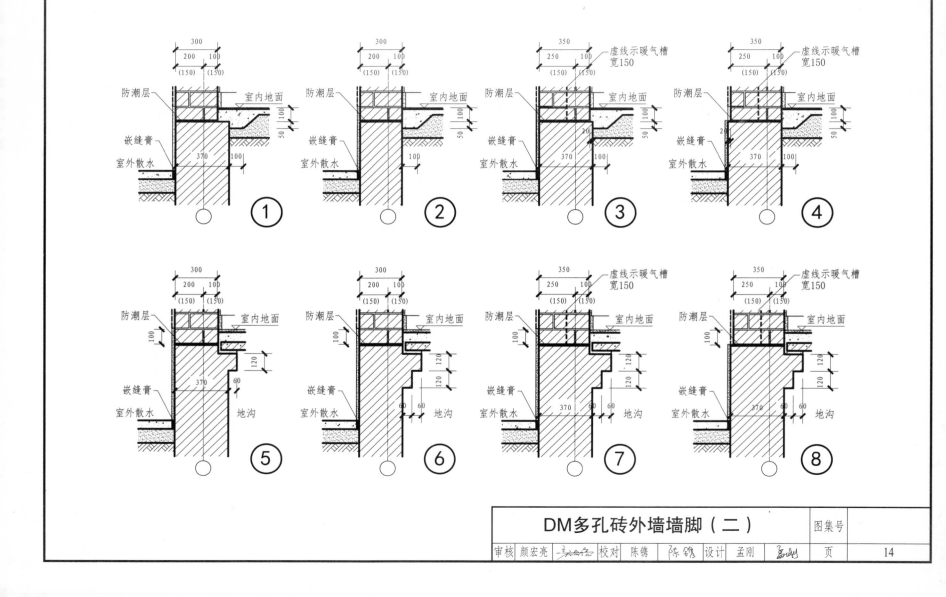

DM多孔砖外墙墙脚（二）

图集号	
审核	颜宏亮	校对	陈镌	设计	孟刚	页	14

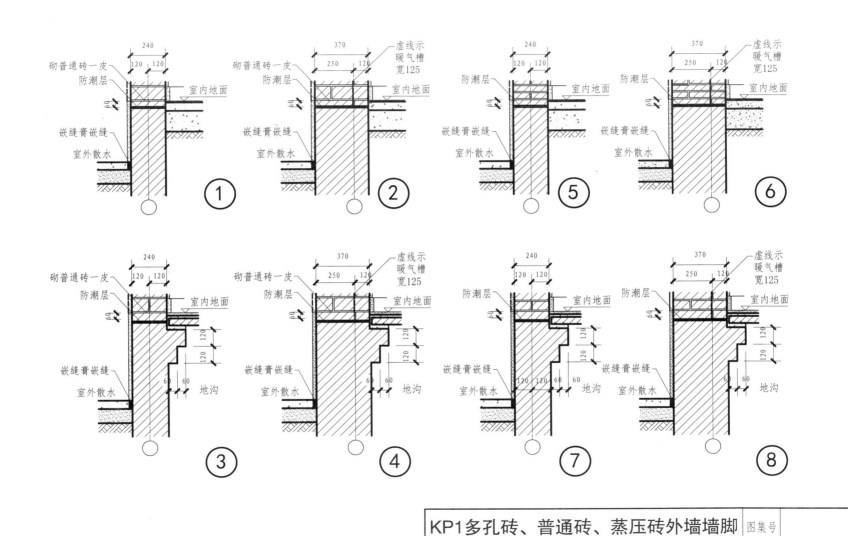

KP1多孔砖、普通砖、蒸压砖外墙墙脚

图集号	
审核 颜宏亮	校对 陈镌	设计 孟刚
页	15

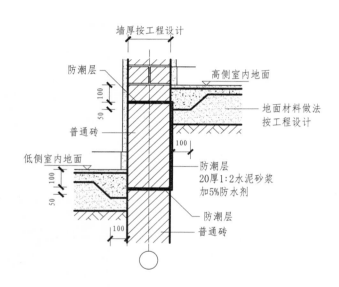

① **DM多孔砖高差地面墙脚构造**

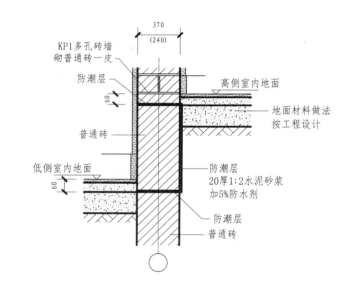

② **KP1多孔砖、普通砖高差墙脚构造**

砖砌体室内高差地面墙脚防潮层构造

图集号	
审核 颜宏亮	校对 陈镌 陈镌 设计 孟刚	页 16

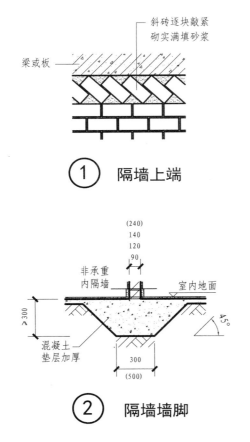

斜砖逐块敲紧
砌实满填砂浆

梁或板

① 隔墙上端

(240)
140
120
90

非承重
内隔墙

室内地面

混凝土
垫层加厚

300
(500)

45°

② 隔墙墙脚

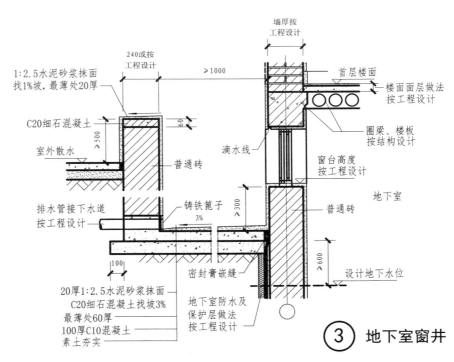

1:2.5水泥砂浆抹面
找1%坡,最薄处20厚

C20细石混凝土

室外散水

排水管接下水道
按工程设计

铸铁箅子

3%

100

20厚1:2.5水泥砂浆抹面
C20细石混凝土找坡3%
最薄处60厚
100厚C10混凝土
素土夯实

密封膏嵌缝

地下室防水及
保护层做法
按工程设计

墙厚按
工程设计

240或按
工程设计

＞1000

首层楼面

楼面面层做法
按工程设计

滴水线

圈梁、楼板
按结构设计

窗台高度
按工程设计

地下室

普通砖

＞600

设计地下水位

③ 地下室窗井

砖砌体隔墙、地下室窗井构造	图集号	
审核 颜宏亮　校对 陈镌　陈镌　设计 孟刚	页	17

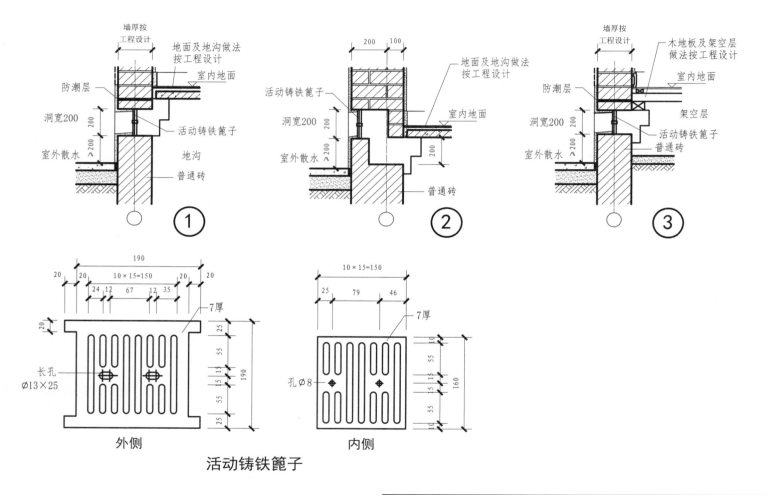

墙厚按
工程设计
地面及地沟做法
按工程设计
防潮层
室内地面
洞宽200
活动铸铁箅子
200
地沟
室外散水
>200
普通砖

①

200 100
墙厚按
工程设计
活动铸铁箅子
地面及地沟做法
按工程设计
防潮层
室内地面
洞宽200
200
活动铸铁箅子
室外散水
>200
200
普通砖

②

墙厚按
工程设计
木地板及架空层
做法按工程设计
防潮层
室内地面
洞宽200
200
架空层
活动铸铁箅子
室外散水
>200
普通砖

③

190
20 20 10×15=150 20 20
24 12 67 12 35
7厚
20
25
55
15 15
长孔
Ø13×25
55
190
25

外侧

10×15=150
25 79 46
7厚
10
55
15 15
160
孔Ø8
55
10

内侧

活动铸铁箅子

砖砌体外墙地沟通气孔构造

图集号

审核 颜宏亮 校对 陈镶 陈镶 设计 孟刚

页 18

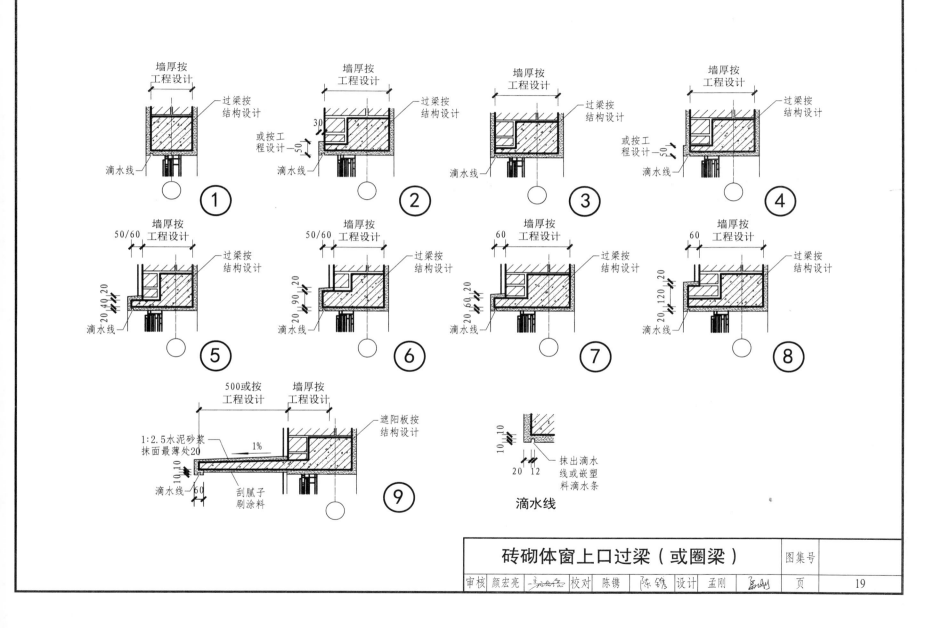

墙厚按
工程设计

过梁按
结构设计

滴水线

①

墙厚按
工程设计

过梁按
结构设计

30

或按工
程设计 50

滴水线

②

墙厚按
工程设计

过梁按
结构设计

滴水线

③

墙厚按
工程设计

过梁按
结构设计

或按工
程设计 50

滴水线

④

50/60

墙厚按
工程设计

过梁按
结构设计

20 40 20

滴水线

⑤

50/60

墙厚按
工程设计

过梁按
结构设计

20 90 20

滴水线

⑥

60

墙厚按
工程设计

过梁按
结构设计

20 60 20

滴水线

⑦

60

墙厚按
工程设计

过梁按
结构设计

20 120 20

滴水线

⑧

500或按
工程设计

墙厚按
工程设计

遮阳板按
结构设计

1:2.5水泥砂浆
抹面最薄处20

1%

10 10

滴水线 60

刮腻子
刷涂料

⑨

10 10

20 12

抹出滴水
线或嵌塑
料滴水条

滴水线

砖砌体窗上口过梁（或圈梁）

审核	颜宏亮		校对	陈镌	陈镌	设计	孟刚		图集号	
									页	19

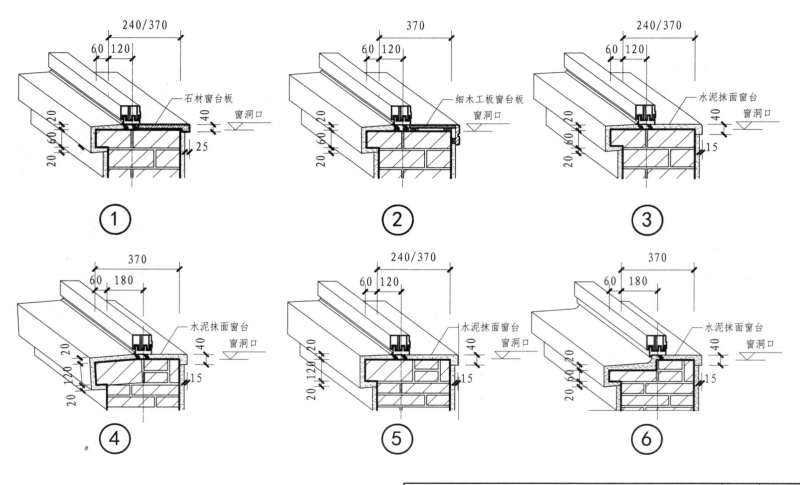

	石材窗台板 窗洞口
①	
	细木工板窗台板 窗洞口
②	
	水泥抹面窗台 窗洞口
③	
	水泥抹面窗台 窗洞口
④	
	水泥抹面窗台 窗洞口
⑤	
	水泥抹面窗台 窗洞口
⑥	

砖砌体窗台（板）轴测示意图

	图集号	
审核 颜宏亮 校对 陈镌 设计 孟刚	页	20

小型混凝土空心砌块墙体构造

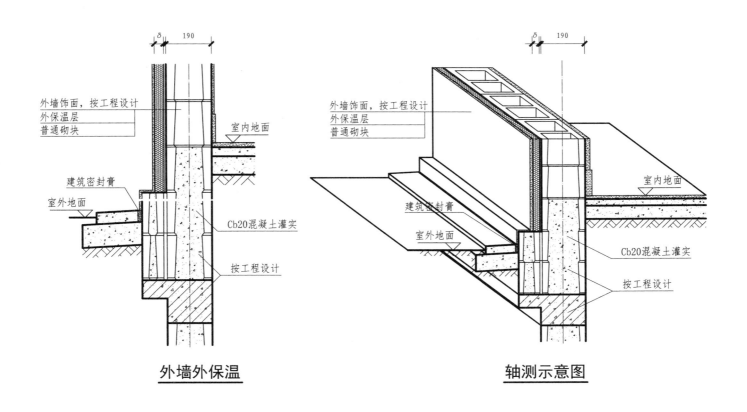

外墙饰面，按工程设计
外保温层
普通砌块

室内地面

建筑密封膏

室外地面

Cb20混凝土灌实

按工程设计

外墙外保温

轴测示意图

砌块外保温外墙墙身、勒脚构造		图集号	
审核 颜宏亮　　　校对 陈隽　陈隽　设计 孟刚		页	21

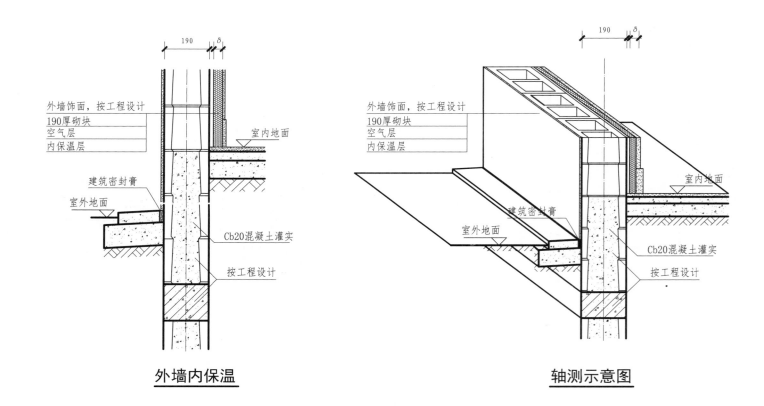

外墙饰面，按工程设计
190厚砌块
空气层
内保温层

室内地面

建筑密封膏

室外地面

Cb20混凝土灌实

按工程设计

外墙内保温

外墙饰面，按工程设计
190厚砌块
空气层
内保温层

室内地面

建筑密封膏

室外地面

Cb20混凝土灌实

按工程设计

轴测示意图

砌块内保温外墙墙身、勒脚构造	图集号	
审核 颜宏亮　　校对 陈镌　陈镌　设计 孟刚	页	22

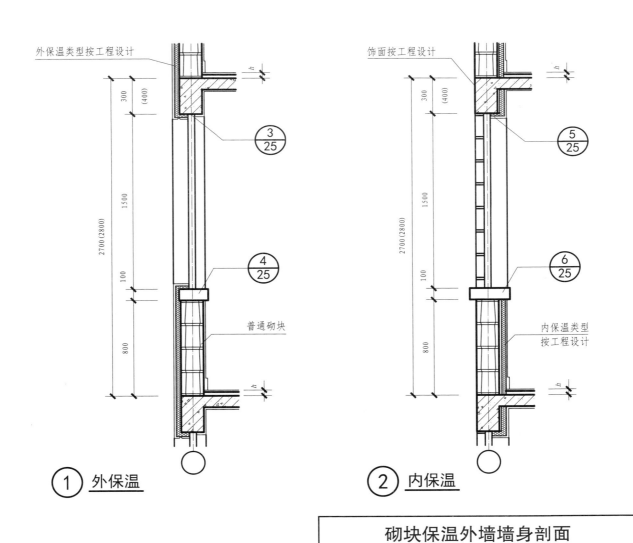

外保温类型按工程设计

300
(400)

$\dfrac{3}{25}$

2700(2800)
1500

$\dfrac{4}{25}$

100

普通砌块

800

h

① 外保温

饰面按工程设计

300
(400)

$\dfrac{5}{25}$

2700(2800)
1500

$\dfrac{6}{25}$

100

内保温类型
按工程设计

800

h

② 内保温

砌块保温外墙墙身剖面

图集号	
审核 颜宏亮　校对 陈镛　陈镛　设计 孟刚	页
	23

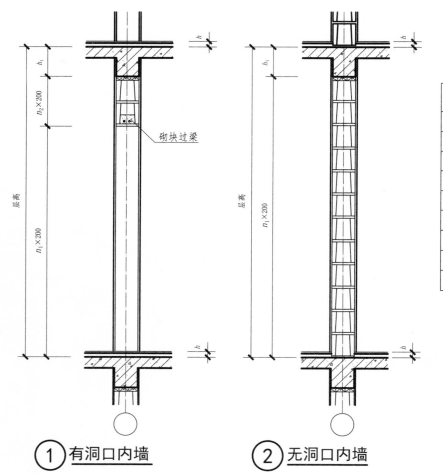

内墙层间砌块组砌参考表

层高(m)	组砌皮数(n)	圈梁高h_1(mm)
2.7	12	300
2.8	13(12)	200(400)
2.9	13	300
3.0	14(13)	200(400)
3.2	15(14)	200(400)
3.3	15	300
3.4	16(15)	200(400)
3.5	16	300
3.6	17(16)	200(400)

砌块过梁

① 有洞口内墙

② 无洞口内墙

砌块内墙层间砌块组砌示例

图集号	
审核 颜宏亮　　　　校对 陈镌　陈镌　设计 孟刚	页
	24

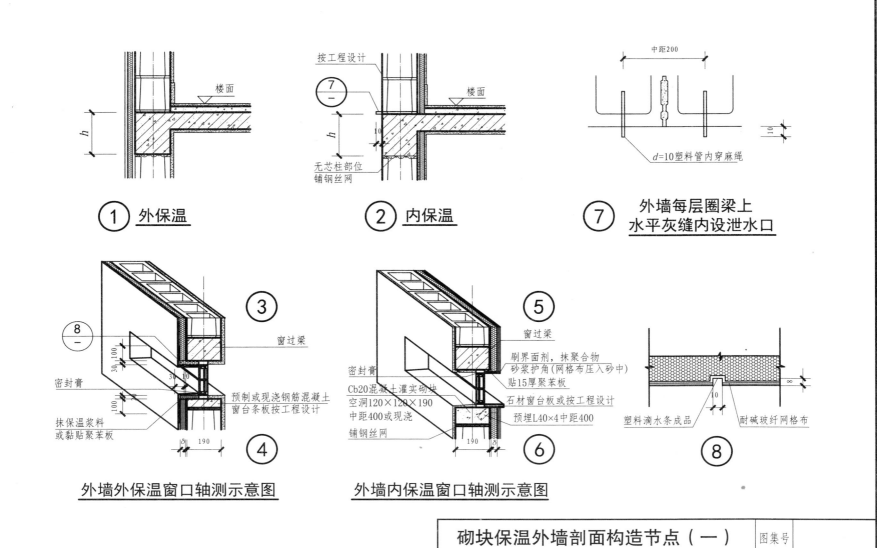

① 外保温

② 内保温

⑦ 外墙每层圈梁上
水平灰缝内设泄水口

外墙外保温窗口轴测示意图

外墙内保温窗口轴测示意图

砌块保温外墙剖面构造节点（一）

| 图集号 | |
| 审核 颜宏亮 | 校对 陈镌 | 设计 孟刚 | 页 25 |

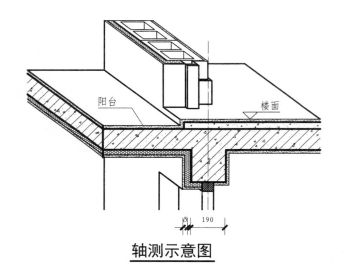

阳台　　楼面

190

轴测示意图

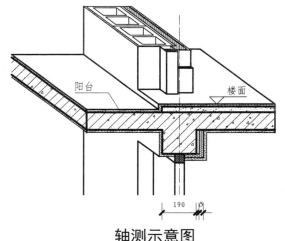

阳台　　楼面

190

轴测示意图

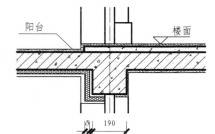

阳台　　楼面

190

① **外保温**

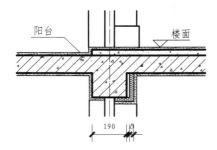

阳台　　楼面

190

② **内保温**

砌块保温外墙剖面构造节点（二）

图集号	
审核 颜宏亮	校对 陈镌	设计 孟刚	页
			26

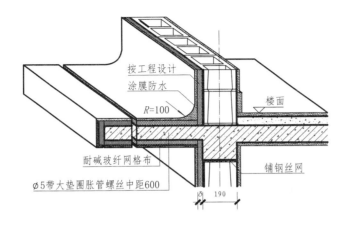

按工程设计
涂膜防水
R=100
楼面
耐碱玻纤网格布
Ø5带大垫圈胀管螺丝中距600
铺钢丝网
190

轴测示意图

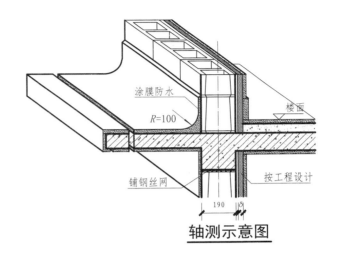

涂膜防水
R=100
楼面
铺钢丝网
按工程设计
190

轴测示意图

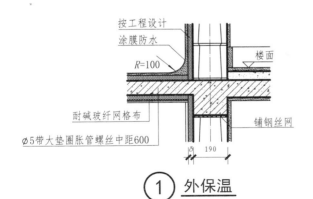

按工程设计
涂膜防水
R=100
楼面
耐碱玻纤网格布
Ø5带大垫圈胀管螺丝中距600
铺钢丝网
190

① 外保温

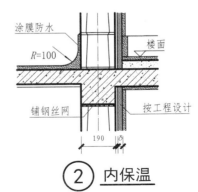

涂膜防水
R=100
楼面
铺钢丝网
按工程设计
190

② 内保温

砌块保温外墙空调外机搁板（一）		图集号	
审核 颜宏亮	校对 陈镌 陈镌	设计 孟刚	页 27

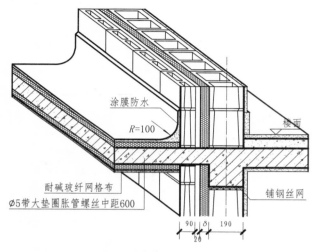

涂膜防水

$R=100$

楼面

耐碱玻纤网格布

Ø5带大垫圈胀管螺丝中距600

铺钢丝网

90 δ 190
20

轴测示意图

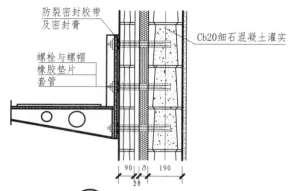

防裂密封胶带
及密封膏

Cb20细石混凝土灌实

螺栓与螺帽
橡胶垫片
套管

90 δ 190
20

③ 空调室外机支架

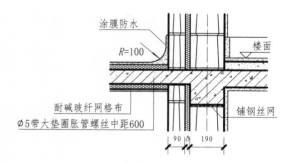

涂膜防水

$R=100$

楼面

耐碱玻纤网格布

Ø5带大垫圈胀管螺丝中距600

铺钢丝网

90 δ 190
20

① 空调室外机隔板（一）

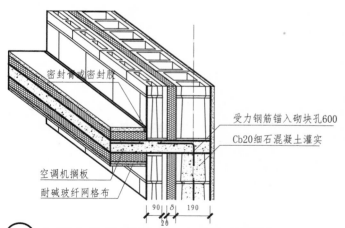

密封膏或密封胶

受力钢筋锚入砌块孔600

Cb20细石混凝土灌实

空调机搁板

耐碱玻纤网格布

90 δ 190
20

② 空调室外机隔板（二）轴测示意图

砌块保温外墙空调外机搁板（二）	图集号	
审核 颜宏亮　校对 陈镌 陈镌　设计 孟刚	页	28

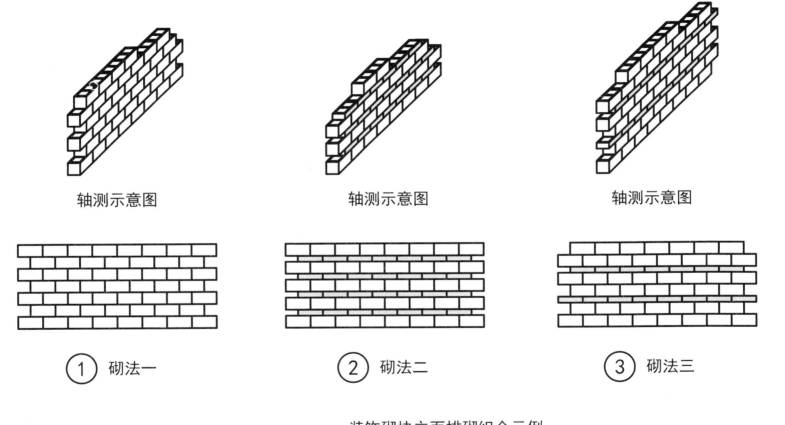

轴测示意图　　　　　　　　　　轴测示意图　　　　　　　　　　轴测示意图

①　砌法一　　　　　　　②　砌法二　　　　　　　③　砌法三

装饰砌块立面排砌组合示例

装饰砌块立面排砌组合

图集号

审核　颜宏亮　　　校对　陈镌　陈镌　设计　孟刚　　　　页　29

夹芯保温墙体构造

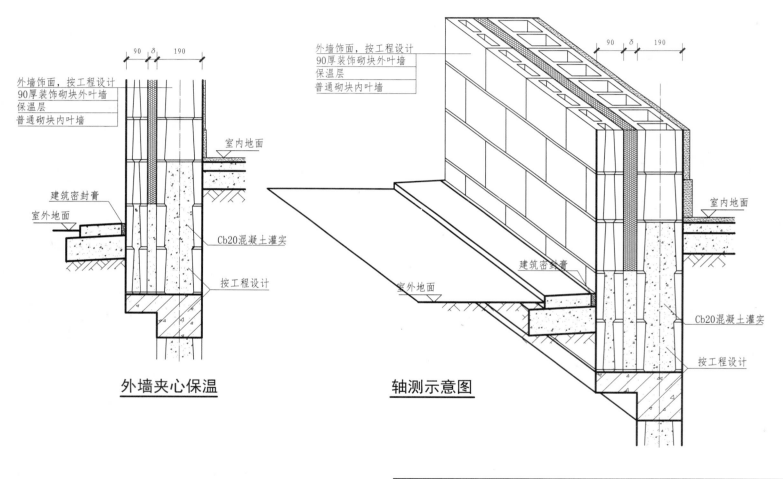

90 δ 190

外墙饰面，按工程设计
90厚装饰砌块外叶墙
保温层
普通砌块内叶墙

室内地面

建筑密封膏

室外地面

Cb20混凝土灌实

按工程设计

外墙夹心保温

外墙饰面，按工程设计
90厚装饰砌块外叶墙
保温层
普通砌块内叶墙

90 δ 190

室内地面

建筑密封膏

室外地面

Cb20混凝土灌实

按工程设计

轴测示意图

砌块夹芯保温外墙墙身、勒脚构造	图集号	
审核 颜宏亮 　　　 校对 陈镛 陈镛 设计 孟刚	页	30

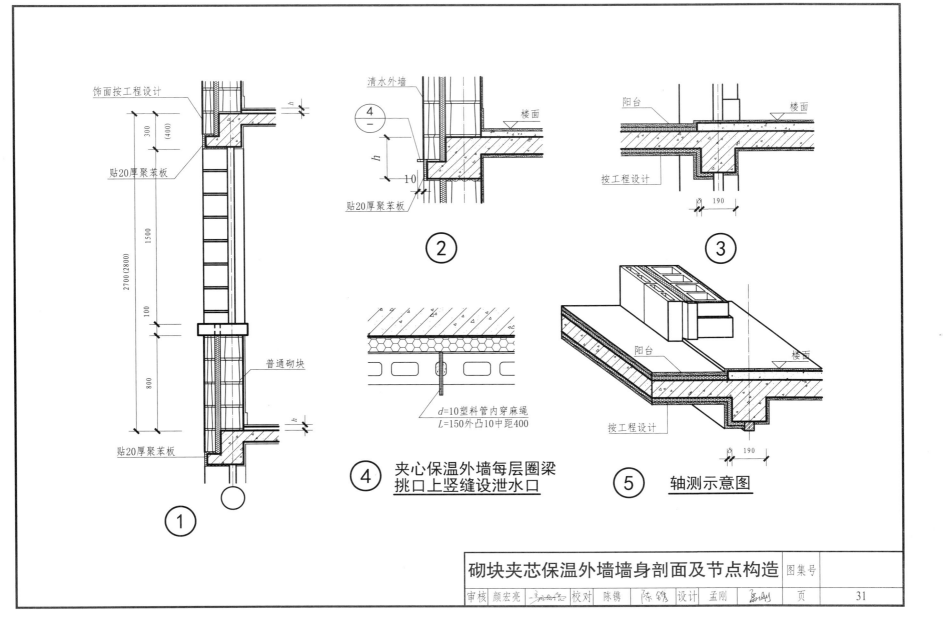

① 饰面按工程设计

贴20厚聚苯板

普通砌块

贴20厚聚苯板

300
(400)
1500
2700(2800)
100
800
h
h

② 清水外墙

贴20厚聚苯板

楼面

h
10

③ 阳台

按工程设计

楼面

190

④ **夹心保温外墙每层圈梁**
挑口上竖缝设泄水口

d=10塑料管内穿麻绳
L=150外凸10中距400

⑤ **轴测示意图**

阳台

楼面

按工程设计

190

砌块夹芯保温外墙墙身剖面及节点构造

图集号

审核 颜宏亮 校对 陈镌 陈镌 设计 孟刚 页 31

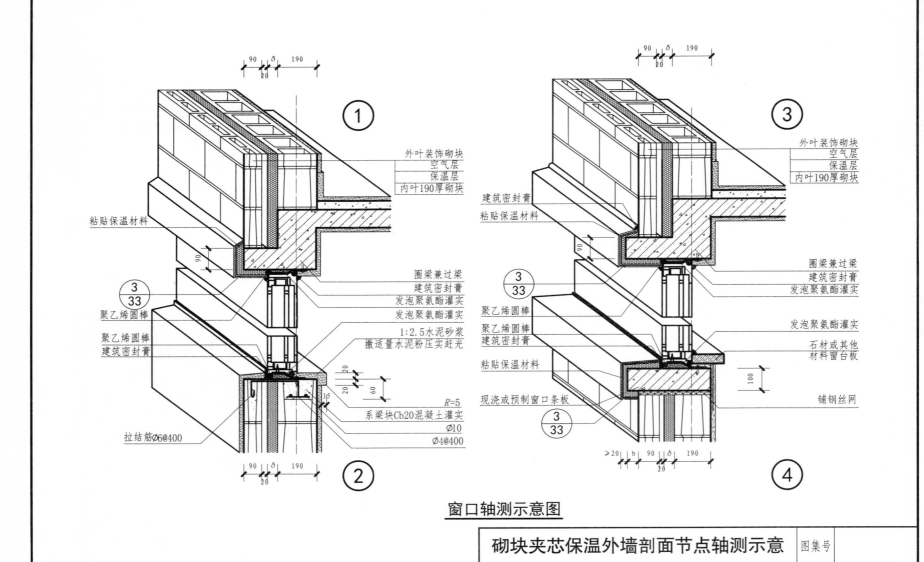

外叶装饰砌块
空气层
保温层
内叶190厚砌块

粘贴保温材料

圈梁兼过梁
建筑密封膏
发泡聚氨酯灌实
发泡聚氨酯灌实

聚乙烯圆棒

聚乙烯圆棒
建筑密封膏

1:2.5水泥砂浆
撒适量水泥粉压实赶光

$R=5$
系梁块Cb20混凝土灌实
$\phi10$
$\phi4@400$

拉结筋$\phi6@400$

①

②

建筑密封膏

粘贴保温材料

外叶装饰砌块
空气层
保温层
内叶190厚砌块

圈梁兼过梁
建筑密封膏
发泡聚氨酯灌实

聚乙烯圆棒
聚乙烯圆棒
建筑密封膏

粘贴保温材料

现浇或预制窗口条板

发泡聚氨酯灌实

石材或其他
材料窗台板

铺钢丝网

③

④

$\dfrac{3}{33}$

$\dfrac{3}{33}$

$\dfrac{3}{33}$

窗口轴测示意图

砌块夹芯保温外墙剖面节点轴测示意	图集号	
审核 颜宏亮 校对 陈镌 陈镌 设计 孟刚	页	32

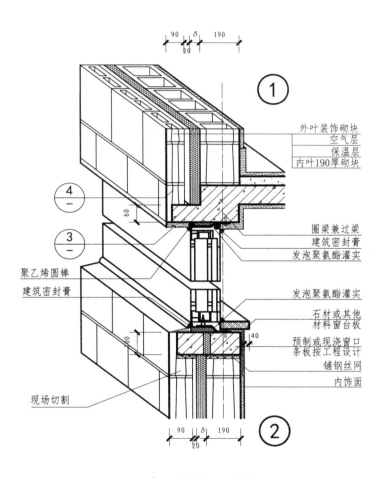

外叶装饰砌块
空气层
保温层
内叶190厚砌块

90 δ 190
20

① ④ ③

60

聚乙烯圆棒
建筑密封膏

圈梁兼过梁
建筑密封膏
发泡聚氨酯灌实

发泡聚氨酯灌实
石材或其他
材料窗台板
预制或现浇窗口
条板按工程设计
铺钢丝网
内饰面

现场切割

90 δ 190
20

②

窗口轴测示意图

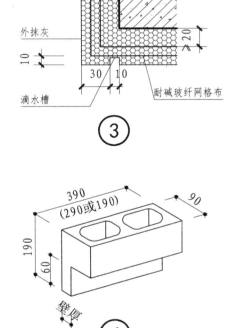

外抹灰

10

30 10

滴水槽

≥20

耐碱玻纤网格布

③

390
(290或190)

90

190

60

壁厚

④

注：1. δ为保温层厚度，按各地区建筑节能要求确定；
　　2. 当保温层采用氮尿素发泡保温材料时，不设空气层，
　　　　保温材料密度宜≥20kg/m³。

砌块夹芯保温外墙节点		图集号	
审核 颜宏亮	校对 陈镌 陈镌 设计 孟刚	页	33

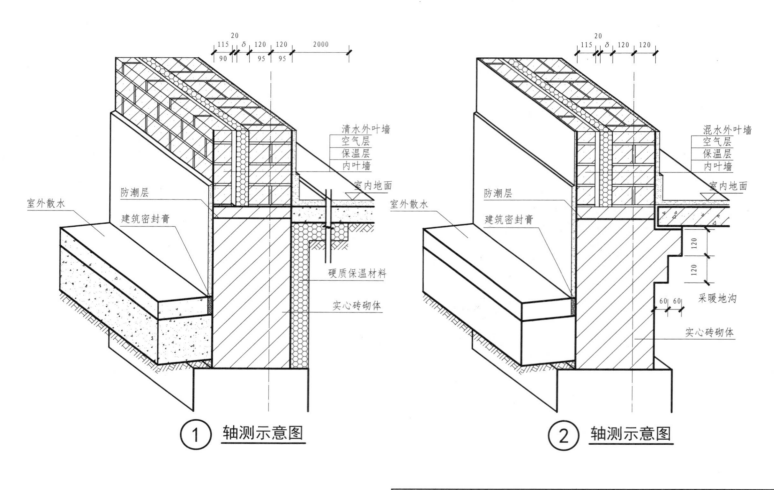

① 轴测示意图

② 轴测示意图

夹芯保温砖墙墙身、勒脚构造

图集号

审核 颜宏亮 　　校对 陈镛 陈镛 设计 孟刚

页 34

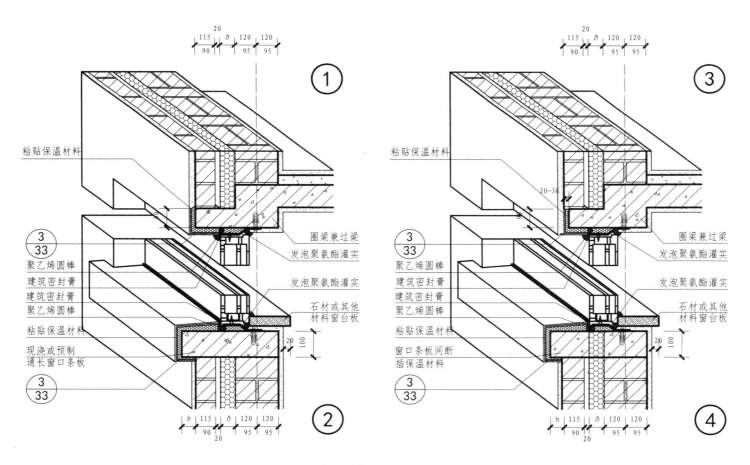

粘贴保温材料

①

20
115 δ 120 120
90 95 95

粘贴保温材料

③

20
115 δ 120 120
90 95 95

20~30

圈梁兼过梁
发泡聚氨酯灌实

$\frac{3}{33}$

聚乙烯圆棒
建筑密封膏
建筑密封膏
聚乙烯圆棒

发泡聚氨酯灌实

粘贴保温材料

石材或其他
材料窗台板

现浇或预制
通长窗口条板

$\frac{3}{33}$

20
100

②

b 115 δ 120 120
90 95 95
20

圈梁兼过梁
发泡聚氨酯灌实

$\frac{3}{33}$

聚乙烯圆棒
建筑密封膏
建筑密封膏
聚乙烯圆棒

发泡聚氨酯灌实

粘贴保温材料

窗口条板间断
插保温材料

石材或其他
材料窗台板

$\frac{3}{33}$

20
100

④

b 115 δ 120 120
90 95 95
20

窗口轴测示意图

夹芯保温砖墙窗口节点详图	图集号	
审核 颜宏亮 校对 陈镌 陈镌 设计 孟刚	页	35

生土墙体构造

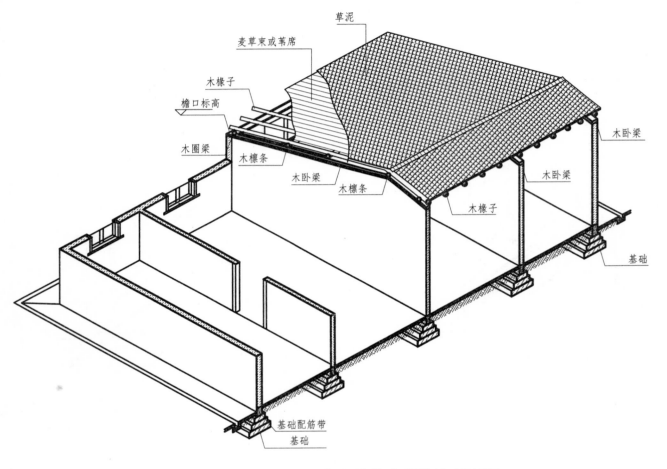

草泥

麦草束或苇席

木椽子

檐口标高

木圈梁

木檩条

木卧梁

木檩条

木卧梁

木卧梁

木椽子

基础

基础配筋带
基础

生土结构房屋构造示意图

生土结构房屋构造示意图		图集号	
审核 颜宏亮 　　　　校对 陈镌 陈镌 设计 孟刚		页	36

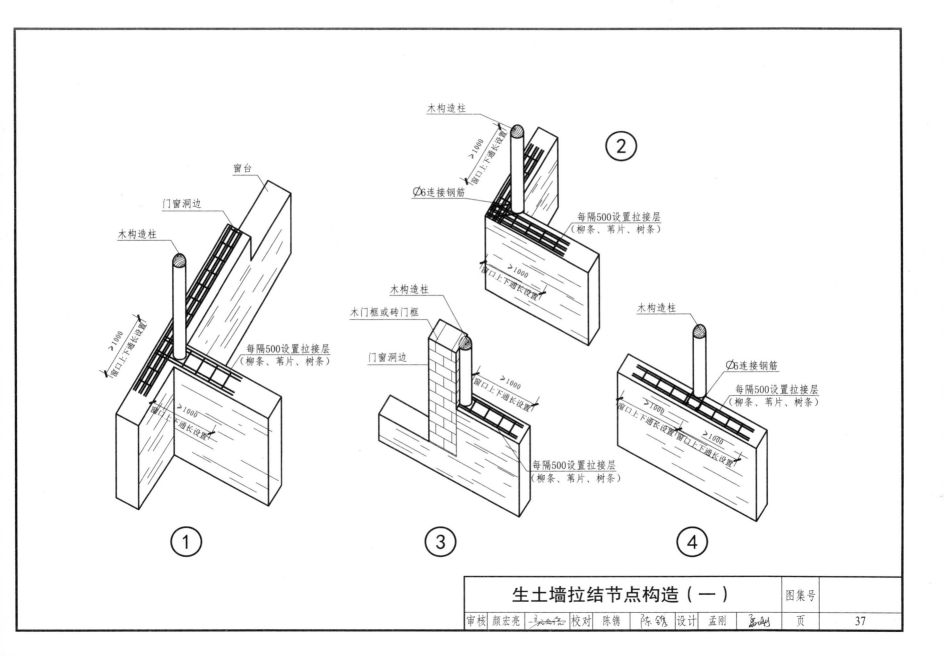

窗台

门窗洞边

木构造柱

每隔500设置拉接层
（柳条、苇片、树条）

窗口上下通长设置

>1000

①

木构造柱

>1000

窗口上下通长设置

Ø6连接钢筋

每隔500设置拉接层
（柳条、苇片、树条）

>1000

窗口上下通长设置

②

木构造柱

木门框或砖门框

门窗洞边

>1000

每隔500设置拉接层
（柳条、苇片、树条）

③

木构造柱

Ø6连接钢筋

每隔500设置拉接层
（柳条、苇片、树条）

>1000

窗口上下通长设置

>1000

④

生土墙拉结节点构造（一）	图集号	
审核 颜宏亮 　 校对 陈镌 陈镌 设计 孟刚	页	37

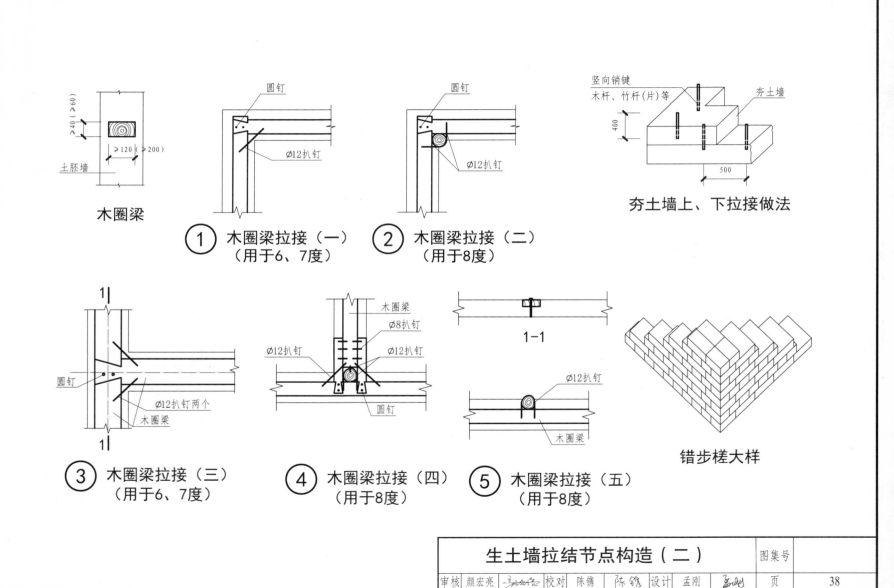

木圈梁

① 木圈梁拉接（一）
（用于6、7度）

② 木圈梁拉接（二）
（用于8度）

夯土墙上、下拉接做法

③ 木圈梁拉接（三）
（用于6、7度）

④ 木圈梁拉接（四）
（用于8度）

⑤ 木圈梁拉接（五）
（用于8度）

1-1

错步槎大样

生土墙拉结节点构造（二）

图集号

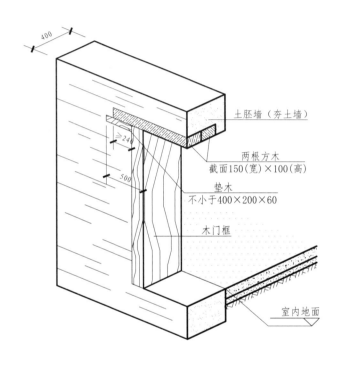

轴测图

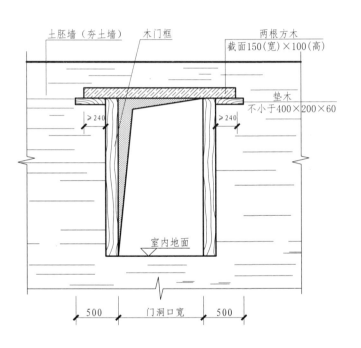

门洞口做法

生土墙门洞口做法（一）	图集号	
审核 颜宏亮 校对 陈镌 陈镌 设计 孟刚	页	39

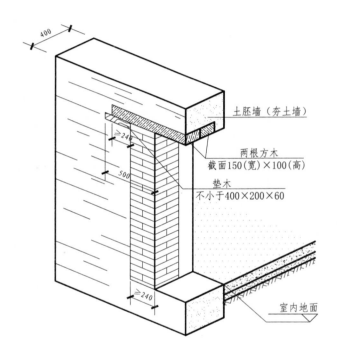

轴测图

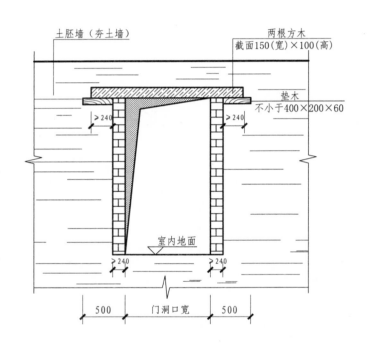

门洞口做法

<table>
<tr><td colspan="3" align="center">生土墙门洞口做法（二）</td><td>图集号</td><td></td></tr>
<tr><td>审核 颜宏亮</td><td>校对 陈镌</td><td>设计 孟刚</td><td>页</td><td>40</td></tr>
</table>

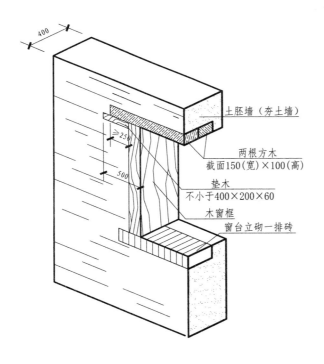

轴测图

土胚墙（夯土墙）

两根方木
截面150(宽)×100(高)

垫木
不小于400×200×60

木窗框

窗台立砌一排砖

≥250

500

400

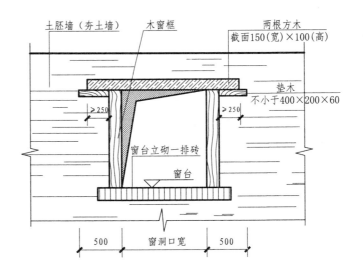

窗洞口做法

土胚墙（夯土墙）

木窗框

两根方木
截面150(宽)×100(高)

垫木
不小于400×200×60

窗台立砌一排砖

窗台

≥250

≥250

500　窗洞口宽　500

生土墙窗洞口做法（一）	图集号	
审核 颜宏亮 ~~颜宏亮~~ 校对 陈镜 陈镜 设计 孟刚 孟刚	页	41

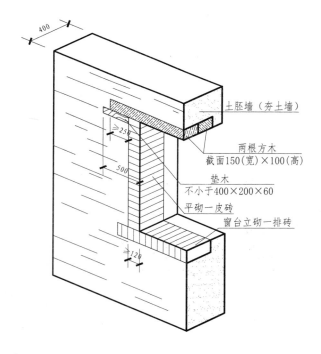

土胚墙（夯土墙）

两根方木
截面150（宽）×100（高）

垫木
不小于400×200×60

平砌一皮砖

窗台立砌一排砖

轴测图

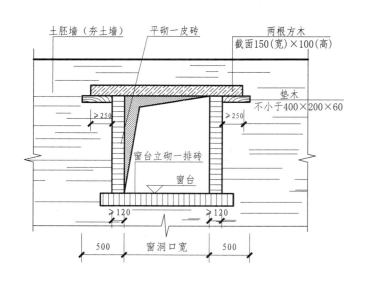

土胚墙（夯土墙）

平砌一皮砖

两根方木
截面150（宽）×100（高）

垫木
不小于400×200×60

窗台立砌一排砖

窗台

窗洞口宽

窗洞口做法

生土墙窗洞口做法（二）	图集号	
审核 颜宏亮 校对 陈镌 陈镌 设计 孟刚	页	42

石砌体构造

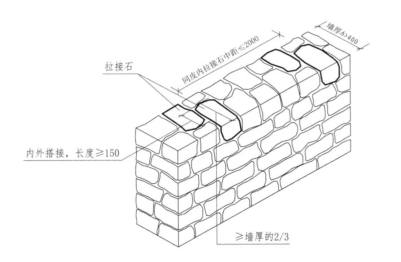

拉接石

内外搭接，长度≥150

同皮内拉接石中距≤2000

墙厚b>400

≥墙厚的2/3

① 平毛石墙（墙厚b>400）

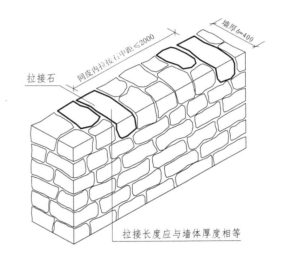

拉接石

同皮内拉接石中距≤2000

墙厚b=400

拉接长度应与墙体厚度相等

② 平毛石墙（墙厚b=400）

平毛石墙拉接石砌法

审核	颜宏亮		校对	陈锵	陈锵	设计	孟刚		图集号	
									页	43

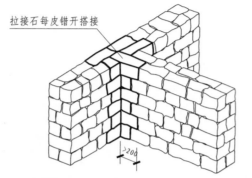

拉接石每皮错开搭接

≥200

① 平毛石墙转角砌法（T形）

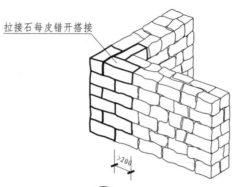

拉接石每皮错开搭接

≥200

② 平毛石墙转角砌法（L形）

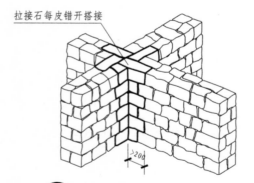

拉接石每皮错开搭接

≥200

③ 平毛石墙转角砌法（十字形）

细料石砌体不宜大于5
半细料石砌体不宜大于10
无垫片料石砌体不宜大于20
水平灰缝厚度： 有垫片粗料石、毛料石不宜大于30

竖缝应在料石安装调平后
用相同强度等级的砂浆灌捣密实

≥a/3(错缝)

a

≥200

④ 料石墙砌法

平毛石墙转角砌法、料石墙砌法

图集号

审核 颜宏亮 三名合签 校对 陈镑 陈镑 设计 孟刚 孟刚 页 44

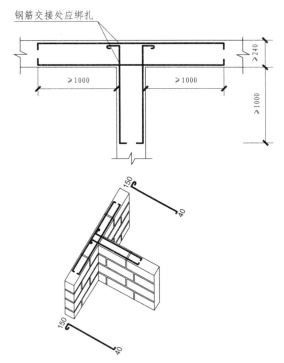

钢筋交接处应绑扎

>240

>1000

>1000

>1000

150

40

150

40

① 料石墙转角构造（T形）

钢筋交接处应绑扎

>240

>1000

>1000

40

150

150

40

② 料石墙转角构造（L形）

抗震地区料石墙转角构造（T形、L形）

图集号

审核 颜宏亮 　　　　 校对 陈镳 陈镳 设计 孟刚 　　　

页 45

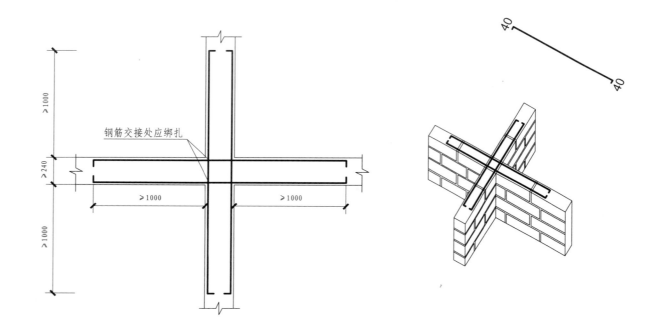

钢筋交接处应绑扎

① 料石墙转角构造（十字形）

注：沿墙高每隔500mm左右设2φ6拉接钢筋，每边每侧伸入墙内
不宜小于1000mm，每侧1000mm范围内，应采用无垫片砌筑。

抗震地区料石墙转角构造（十字形）	图集号	
审核 颜宏亮	校对 陈镌 陈镌	设计 孟刚
	页	46

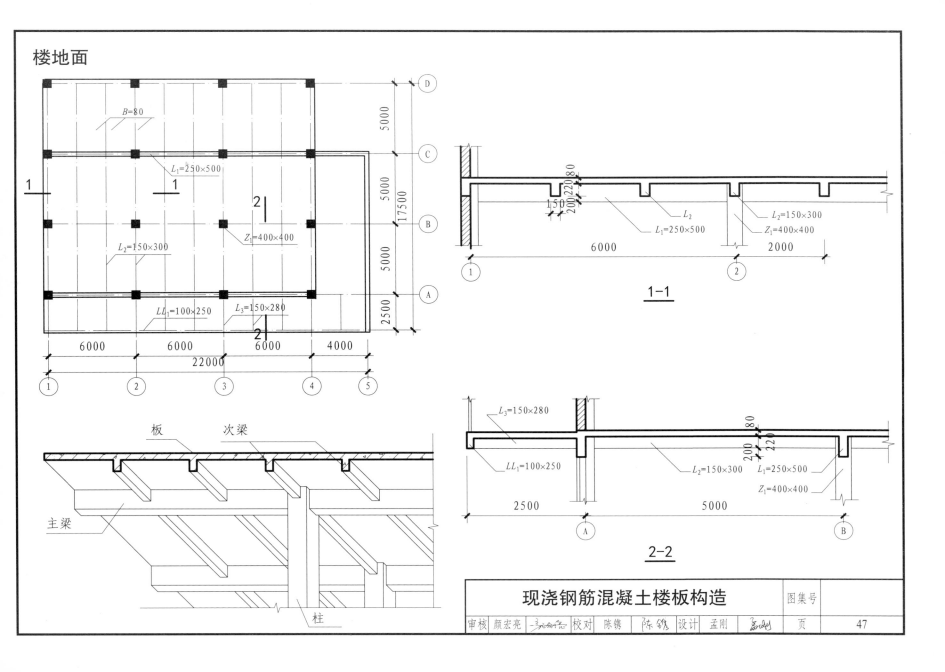

楼地面

$B=80$

$L_1=250\times500$

$L_2=150\times300$

$Z_1=400\times400$

$LL_1=100\times250$

$L_3=150\times280$

5000

5000

17500

5000

2500

6000 6000 6000 4000

22000

Ⓓ Ⓒ Ⓑ Ⓐ

① ② ③ ④ ⑤

板 次梁

主梁

柱

1-1

200 220 80

150

200

L_2

$L_1=250\times500$

$L_2=150\times300$

$Z_1=400\times400$

6000 2000

① ②

2-2

$L_3=150\times280$

$LL_1=100\times250$

80

200

220

$L_2=150\times300$

$L_1=250\times500$

$Z_1=400\times400$

2500 5000

Ⓐ Ⓑ

现浇钢筋混凝土楼板构造

| 审核 | 颜宏亮 | 三方合宏 | 校对 | 陈镌 | 陈镌 | 设计 | 孟刚 | 孟刚 | 页 | 47 |

图集号

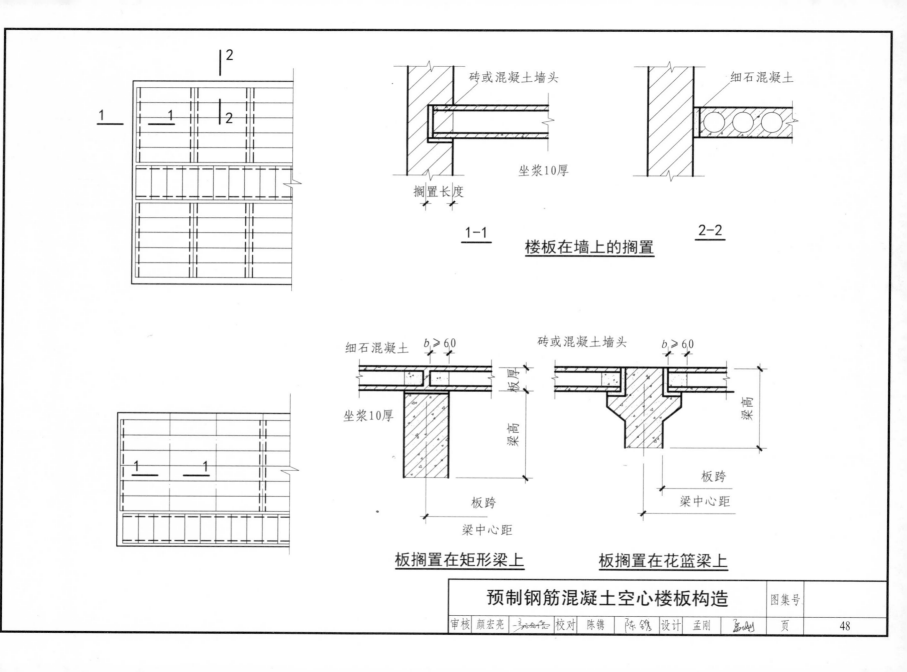

砖或混凝土墙头

细石混凝土

坐浆10厚

搁置长度

1-1

楼板在墙上的搁置

2-2

细石混凝土 $b \geqslant 6.0$

坐浆10厚

板厚

梁高

板跨

梁中心距

板搁置在矩形梁上

砖或混凝土墙头 $b \geqslant 6.0$

梁高

板跨

梁中心距

板搁置在花篮梁上

预制钢筋混凝土空心楼板构造

图集号

审核 颜宏亮　　　　校对 陈镌　陈镌　　设计 孟刚　孟刚

页　48

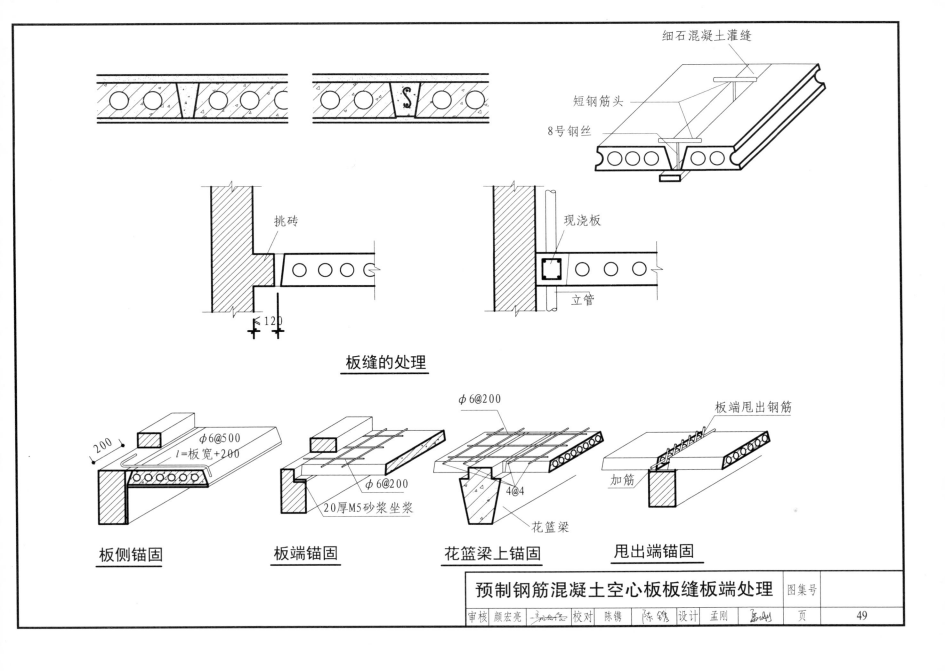

板缝的处理

细石混凝土灌缝

短钢筋头

8号钢丝

挑砖

≤120

现浇板

立管

板侧锚固

$\phi 6@500$

$l=$板宽$+200$

200

板端锚固

$\phi 6@200$

20厚M5砂浆坐浆

花篮梁上锚固

$\phi 6@200$

$4@4$

花篮梁

甩出端锚固

板端甩出钢筋

加筋

预制钢筋混凝土空心板板缝板端处理	图集号	
审核 颜宏亮 一方向心态 校对 陈镌 陈镌 设计 孟刚	页	49

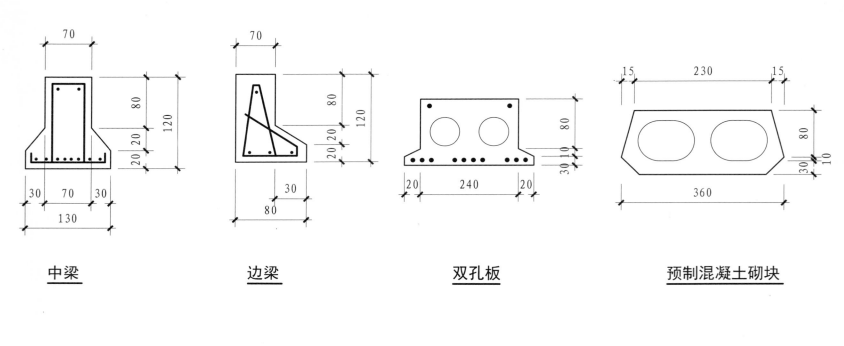

中梁　　　　　　　边梁　　　　　　双孔板　　　　　预制混凝土砌块

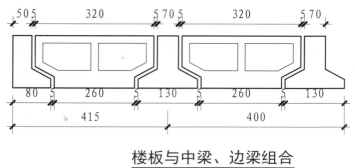

楼板与中梁、边梁组合

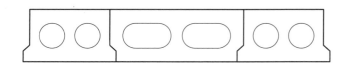

组合楼板

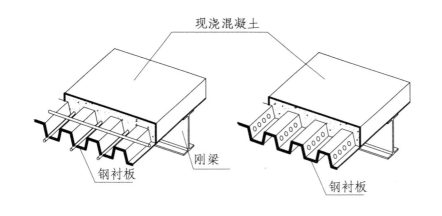

现浇混凝土

钢衬板

刚梁

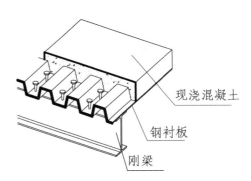

现浇混凝土

钢衬板

刚梁

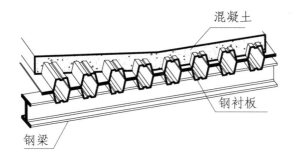

混凝土

钢衬板

钢梁

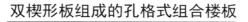
双楔形板组成的孔格式组合楼板

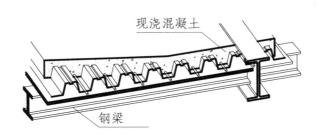

现浇混凝土

钢梁

楔形板与平板组成的孔格式组合楼板

压型钢板组合楼板构造	图集号	
审核 颜宏亮　校对 陈镌　陈镌　设计 孟刚	页	51

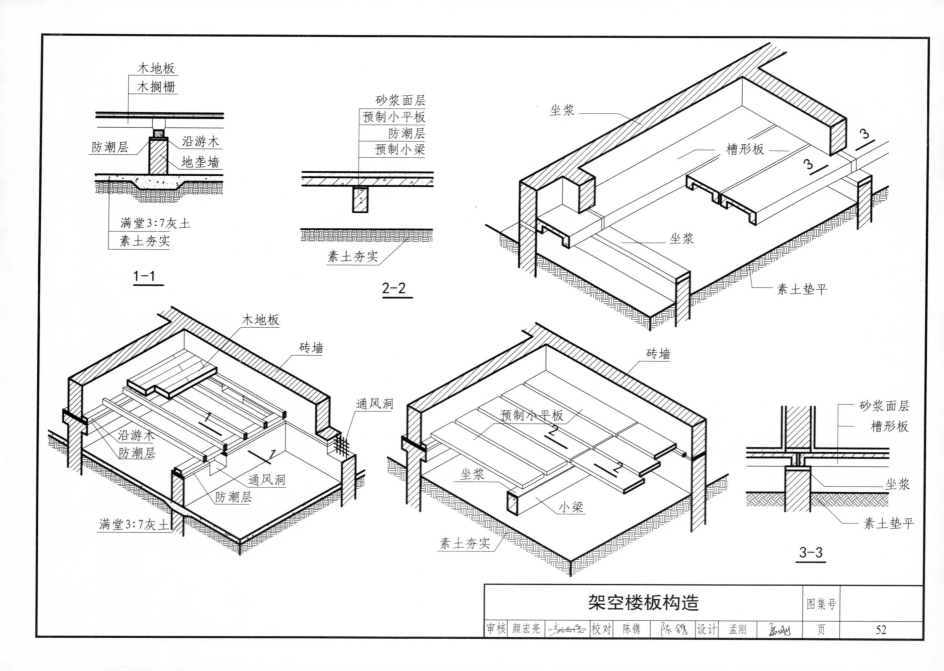

木地板
木搁栅

防潮层
沿游木
地垄墙

满堂3:7灰土
素土夯实

1-1

砂浆面层
预制小平板
防潮层
预制小梁

素土夯实

2-2

坐浆
槽形板
坐浆
素土垫平

3

木地板
砖墙

通风洞

沿游木
防潮层

通风洞

防潮层

满堂3:7灰土

预制小平板

坐浆

小梁

素土夯实

砖墙

砂浆面层
槽形板

坐浆

素土垫平

3-3

架空楼板构造

图集号

审核 颜宏亮 校对 陈镌 陈镌 设计 孟刚

页 52

木楼板

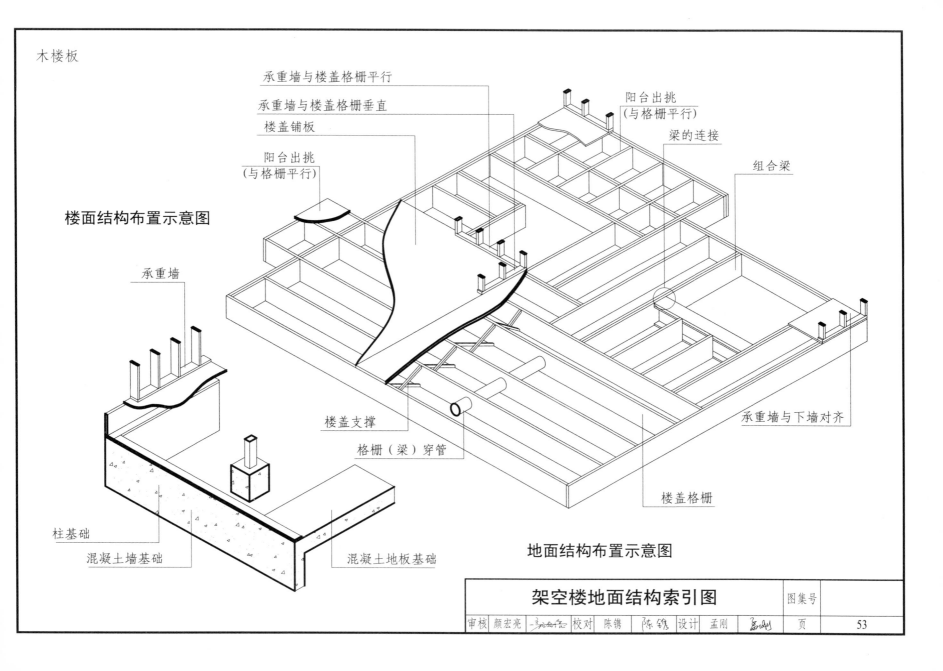

承重墙与楼盖格栅平行
承重墙与楼盖格栅垂直
楼盖铺板
阳台出挑
（与格栅平行）

阳台出挑
（与格栅平行）
梁的连接
组合梁

楼面结构布置示意图

承重墙

柱基础
混凝土墙基础
混凝土地板基础

楼盖支撑
格栅（梁）穿管

楼盖格栅

承重墙与下墙对齐

地面结构布置示意图

架空楼地面结构索引图	图集号	
审核 颜宏亮　校对 陈镌　陈镌　设计 孟刚	页	53

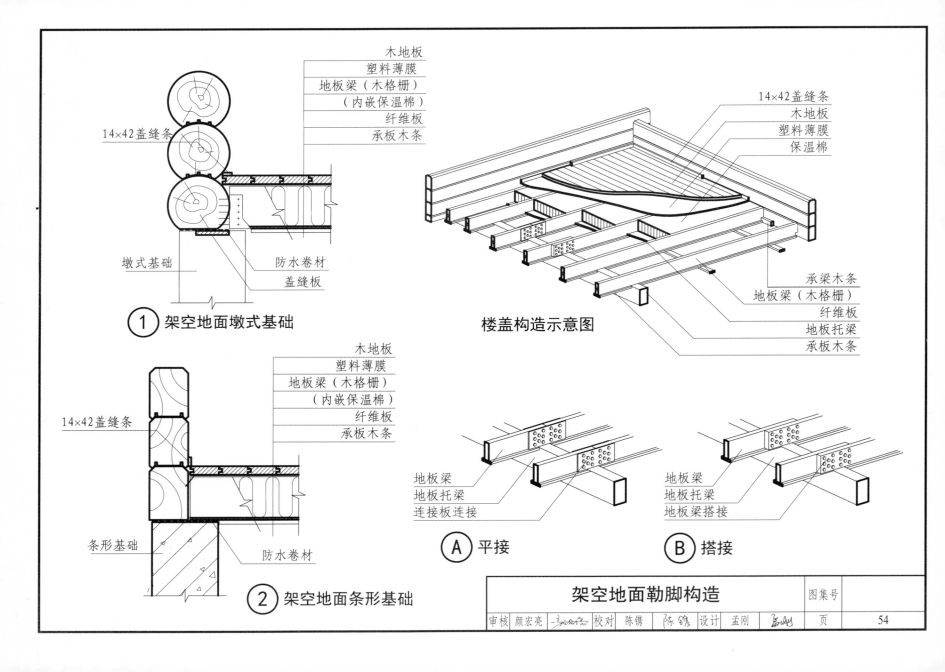

木地板
塑料薄膜
地板梁（木格栅）
（内嵌保温棉）
纤维板
承板木条

14×42盖缝条

14×42盖缝条

墩式基础

防水卷材
盖缝板

① 架空地面墩式基础

木地板
塑料薄膜
保温棉

承梁木条
地板梁（木格栅）
纤维板
地板托梁
承板木条

楼盖构造示意图

木地板
塑料薄膜
地板梁（木格栅）
（内嵌保温棉）
纤维板
承板木条

14×42盖缝条

条形基础

防水卷材

② 架空地面条形基础

地板梁
地板托梁
连接板连接

Ⓐ 平接

地板梁
地板托梁
地板梁搭接

Ⓑ 搭接

架空地面勒脚构造

图集号	
审核 颜宏亮 ~~三~~ 校对 陈镱 陈镱 设计 孟刚 ~~孟刚~~	页
	54

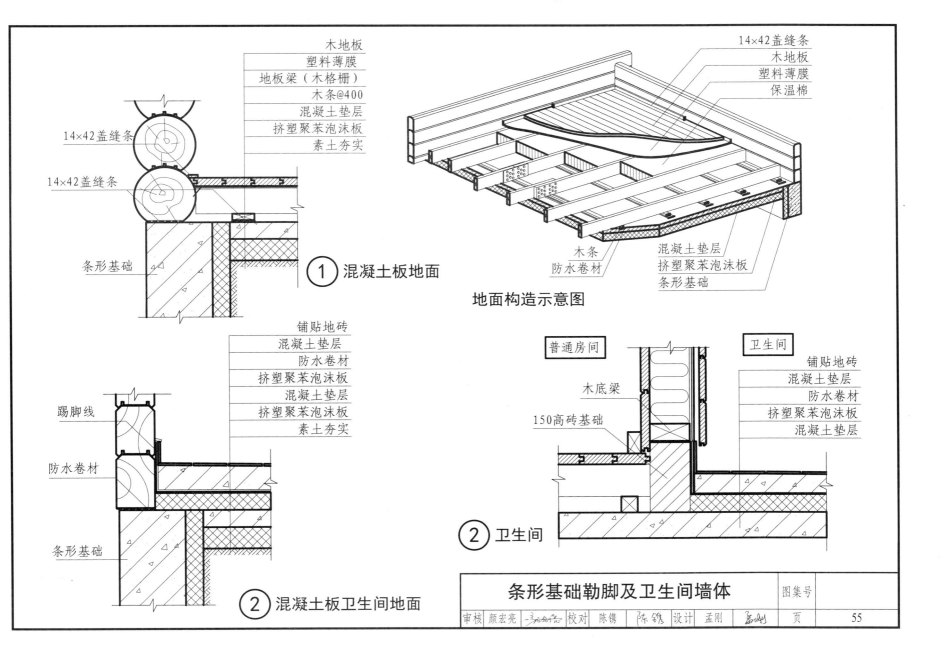

① 混凝土板地面

木地板
塑料薄膜
地板梁（木格栅）
木条@400
混凝土垫层
挤塑聚苯泡沫板
素土夯实

14×42盖缝条

14×42盖缝条

条形基础

14×42盖缝条
木地板
塑料薄膜
保温棉

地面构造示意图

木条
防水卷材
混凝土垫层
挤塑聚苯泡沫板
条形基础

铺贴地砖
混凝土垫层
防水卷材
挤塑聚苯泡沫板
混凝土垫层
挤塑聚苯泡沫板
素土夯实

踢脚线

防水卷材

条形基础

② 混凝土板卫生间地面

普通房间

卫生间

木底梁

150高砖基础

铺贴地砖
混凝土垫层
防水卷材
挤塑聚苯泡沫板
混凝土垫层

② 卫生间

条形基础勒脚及卫生间墙体

图集号

审核 颜宏亮   校对 陈镌   陈镌   设计 孟刚

页 55

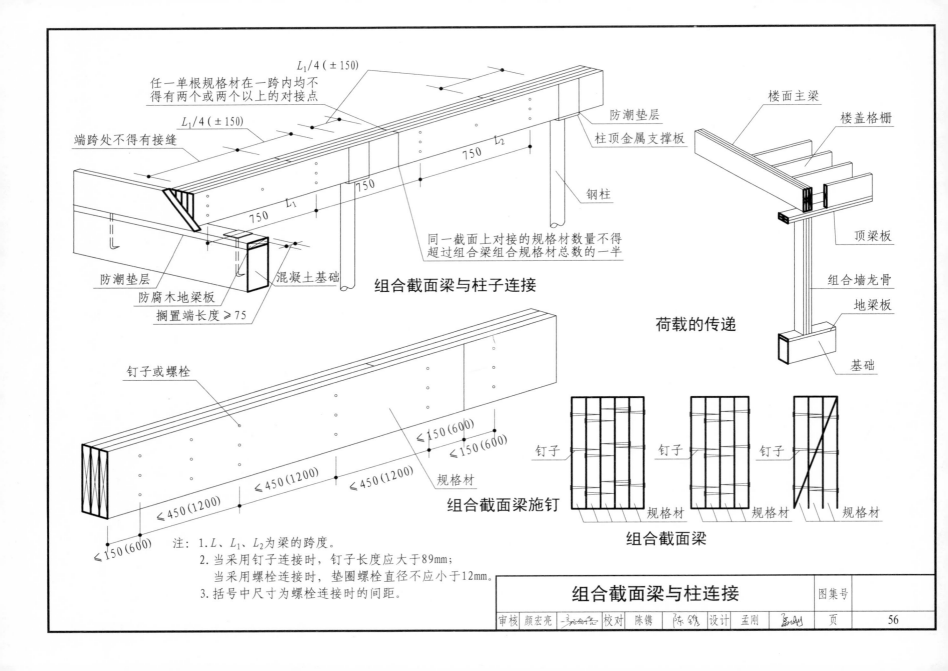

任一单根规格材在一跨内均不
得有两个或两个以上的对接点

$L_1/4$ (±150)

$L_1/4$ (±150)

端跨处不得有接缝

防潮垫层

柱顶金属支撑板

楼面主梁

楼盖格栅

钢柱

750   L_2

750   L_1

750

同一截面上对接的规格材数量不得
超过组合梁组合规格材总数的一半

防潮垫层

混凝土基础

防腐木地梁板

搁置端长度≥75

组合截面梁与柱子连接

顶梁板

组合墙龙骨

地梁板

荷载的传递

基础

钉子或螺栓

≤150 (600)

≤150 (600)

≤450 (1200)

≤450 (1200)

≤450 (1200)

≤450 (1200)

规格材

≤150 (600)

组合截面梁施钉

钉子

钉子

钉子

规格材

规格材

规格材

组合截面梁

注: 1. L、L_1、L_2为梁的跨度。
　　2. 当采用钉子连接时，钉子长度应大于89mm；
　　　 当采用螺栓连接时，垫圈螺栓直径不应小于12mm。
　　3. 括号中尺寸为螺栓连接时的间距。

组合截面梁与柱连接

审核	颜宏亮		校对	陈镌	陈镌	设计	孟刚		图集号	
									页	56

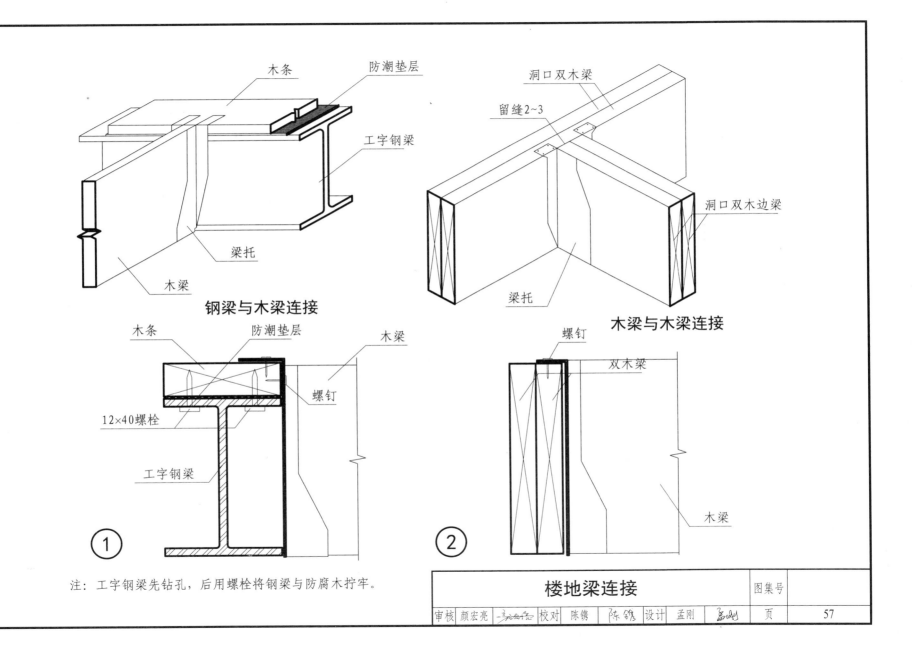

木条　防潮垫层　工字钢梁

梁托

木梁

钢梁与木梁连接

洞口双木梁

留缝2~3

洞口双木边梁

梁托

木梁与木梁连接

木条　防潮垫层　木梁

螺钉

12×40螺栓

工字钢梁

①

螺钉

双木梁

木梁

②

注：工字钢梁先钻孔，后用螺栓将钢梁与防腐木拧牢。

楼地梁连接

| 审核 | 颜宏亮 | 三宏合态 | 校对 | 陈镌 | 陈镌 | 设计 | 孟刚 | 孟刚 | 页 | 57 |

图集号

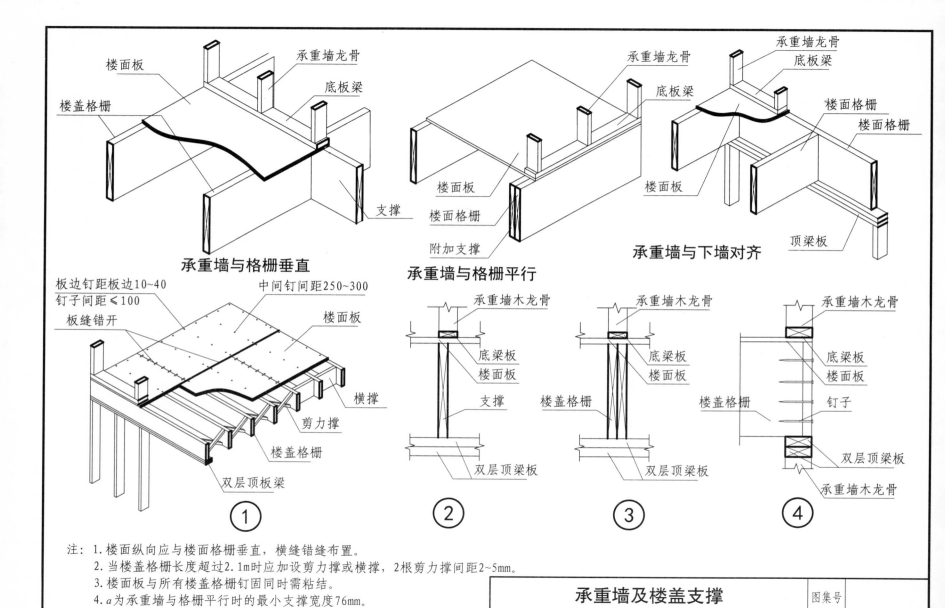

承重墙与格栅垂直

承重墙与格栅平行

承重墙与下墙对齐

① ② ③ ④

注：1.楼面纵向应与楼面格栅垂直，横缝错缝布置。
2.当楼盖格栅长度超过2.1m时应加设剪力撑或横撑，2根剪力撑间距2~5mm。
3.楼面板与所有楼盖格栅钉固同时需粘结。
4.a为承重墙与格栅平行时的最小支撑宽度76mm。

承重墙及楼盖支撑

图集号

审核 颜宏亮 校对 陈镳 陈镳 设计 孟刚

页 58

木地板
地板梁（木格栅）
（内嵌保温棉）
塑料薄膜
隔声垫条
吊顶

垫条

① 普通楼盖

铺贴地砖
混凝土垫层
防水卷材
毛地板
地板梁（木格栅）
（内嵌保温棉）
隔声垫条
吊顶

② 卫生间楼盖

木地板
木格栅
（内嵌保温棉）
塑料薄膜
隔声垫条
吊顶

③ 普通楼盖

铺贴地砖
混凝土垫层
防水卷材
毛地板
木格栅
（内嵌保温棉）
隔声垫条
吊顶

④ 卫生间楼盖

承梁木条

1－1

木地板
木格栅
（内嵌保温棉）
塑料薄膜
隔声垫条
吊顶

2－2

木地板
木格栅
（内嵌保温棉）
塑料薄膜
隔声垫条
吊顶

Ⓐ 梁托架

螺栓固定
断梁
木地板
木格栅
地板梁

⑤ 楼板洞口

楼盖与楼盖开洞

图集号

审核 颜宏亮　　　　　校对 陈镌　陈镌　设计 孟刚　　　　页 59

防水地面构造

卫生间墙门洞外口

卫生间地面　2%　房间地面

防水层

①

卫生间墙门洞外口

卫生间地面　2%　房间地面

防水层

②

防滑地砖
水泥砂浆
防水卷材
楼面板
楼盖格栅

门
墙体

大理石门槛
地砖

③

石材
水泥砂浆
防水卷材
楼面板
楼盖格栅

门
墙体

装饰压条
地面材料

$25×25$木条

④

石材
水泥砂浆
防水卷材
楼面板
楼盖格栅

门
墙体

装饰压条
地毯

$25×25$木条

⑤

防滑地砖
水泥砂浆
防水卷材
楼面板
楼盖格栅

门
墙体

密封胶
地板

$25×25$木条

⑥

防水地面构造				图集号	
审核	颜宏亮	校对	陈镌 陈镌	设计 孟刚	页
					60

名称	编号	重量 (kN/m²)	厚度	简 图	构 造 地 面	楼 面	附 注
双层长条硬木地板（燃烧等级B2）	①	0.30	D170 L110	地面 楼面	1.地板漆2道（地板成品已带油漆者无此道工序） 2.50×18长条企口拼花地板（背面满刷氟化钠防腐剂） 3.18厚松木毛底板45°斜铺（稀铺），上铺防潮卷材一层 4.50×50木龙骨@400架空20，表面刷防腐剂		1.木材防腐剂可用氟化钠防腐剂也可用石蜡、煤焦油或沥青浸煮，木板朝上的表面可不刷防腐剂，以免影响木材与面层的粘结。 2.有龙骨木地板的楼地面须考虑地板下通风。地板通风箅子及龙骨通风孔位置见工程设计。 3.设计要求燃烧性能为B1级时，应另作防火处理。
					5.C15混凝土垫层60厚 6.夯实土	5.现浇楼板或预制楼板上之现浇叠合层	
	②	1.15	D320 L170	地面 楼面	1.地板漆2道（地板成品已带油漆者无此道工序） 2.50×18长条企口拼花地板（背面满刷氟化钠防腐剂） 3.18厚松木毛底板45°斜铺（稀铺），上铺防潮卷材一层 4.50×50木龙骨@400架空20，表面刷防腐剂		
					5.C15混凝土垫层60厚 6.碎石夯入土中150厚	5.CL7.5轻集料混凝土60厚 6.现浇钢筋混凝土楼板或预制楼板之现浇叠合层	
	③	1.15	D320 L170	地面 楼面	1.地板漆2道（地板成品已带油漆者无此道工序） 2.50×18长条企口拼花地板（背面满刷氟化钠防腐剂） 3.18厚松木毛底板45°斜铺（稀铺），上铺防潮卷材一层 4.50×50木龙骨@400架空20，表面刷防腐剂		
					5.C15混凝土垫层60厚 6.5~32卵石灌M2.5混合砂浆，振捣密实或3:7灰土150厚 7.夯实土	5.1:6水泥焦渣填充层60厚 6.现浇钢筋混凝土楼板或预制楼板之现浇叠合层	

双层长条硬木楼地面构造做法

						图集号	
审核	颜宏亮		校对	陈镌	陈镌	设计	孟刚

名称	编号	重量 (kN/m²)	厚度	简　图	构　造　地　面	构　造　楼　面	附　注
强化复合木地板面层（燃烧等级B2）	①	0.50	D100 L40	地面　楼面	1.8厚企口强化复合木地板，板缝用胶粘剂粘铺 2.3~5厚泡沫塑料衬垫 3.1:2.5水泥砂浆20厚 4.水泥浆一道（内掺建筑胶） 5.C10混凝土垫层60厚 6.夯实土	5.现浇楼板或预制楼板上之现浇叠合层	1.木材防腐剂可用氟化钠防腐剂也可用石蜡、煤焦油或沥青浸煮，木板朝上的表面可不刷防腐剂，以免影响木材与面层的粘结。 2.设计要求燃烧性能为B1级时，应另作防火处理。
	②	1.30	D250 L100	地面　楼面	1.8厚企口强化复合木地板，板缝用胶粘剂粘铺 2.3~5厚泡沫塑料衬垫 3.1:2.5水泥砂浆20厚 4.水泥浆一道（内掺建筑胶） 5.C10混凝土垫层60厚 6.碎石夯入土中150厚	5.CL7.5轻集料混凝土60厚 6.现浇钢筋混凝土楼板或预制楼板之现浇叠合层	
	③	1.30	D250 L100	地面　楼面	1.8厚企口强化复合木地板，板缝用胶粘剂粘铺 2.3~5厚泡沫塑料衬垫 3.1:2.5水泥砂浆20厚 4.水泥浆一道（内掺建筑胶） 5.C10混凝土垫层60厚 6.5~32卵石灌M2.5混合砂浆，振捣密实或3:7灰土150厚 7.夯实土	5.1:6水泥焦渣填充层60厚 6.现浇钢筋混凝土楼板或预制楼板之现浇叠合层	

强化复合木地板楼地面构造做法
（无龙骨）

审核 颜宏亮　校对 陈镛　设计 孟刚

图集号

页　62

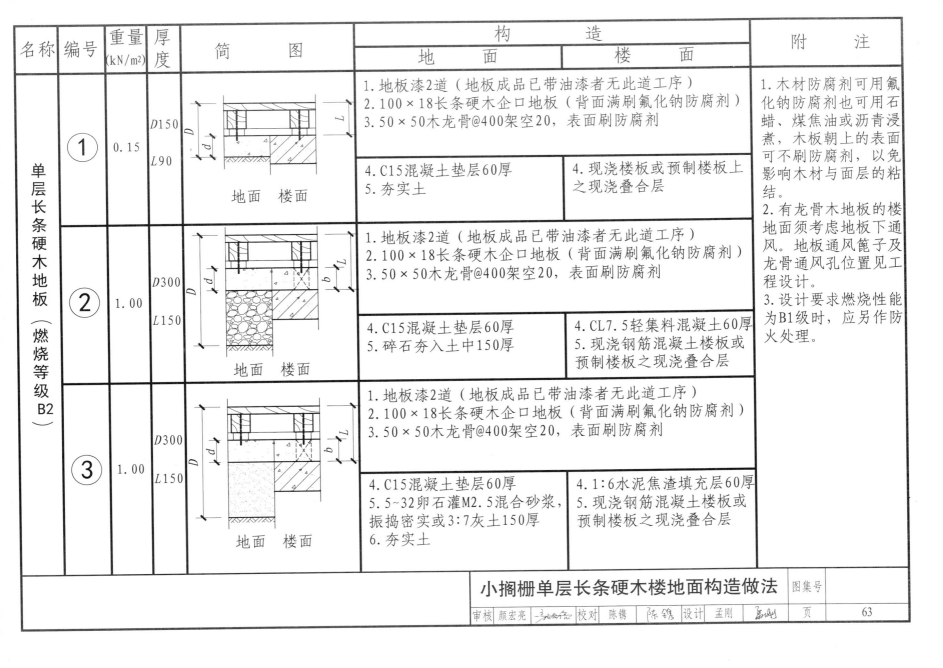

名称	编号	重量 (kN/m²)	厚度	简　图	构　　造		附　注
					地　面	楼　面	
单层长条硬木地板（燃烧等级B2）	①	0.15	D150 L90	地面　楼面	1. 地板漆2道（地板成品已带油漆者无此道工序） 2. 100×18长条硬木企口地板（背面满刷氟化钠防腐剂） 3. 50×50木龙骨@400架空20，表面刷防腐剂		1. 木材防腐剂可用氟化钠防腐剂也可用石蜡、煤焦油或沥青浸煮，木板朝上的表面可不刷防腐剂，以免影响木材与面层的粘结。 2. 有龙骨木地板的楼地面须考虑地板下通风。地板通风箅子及龙骨通风孔位置见工程设计。 3. 设计要求燃烧性能为B1级时，应另作防火处理。
					4. C15混凝土垫层60厚 5. 夯实土	4. 现浇楼板或预制楼板上之现浇叠合层	
	②	1.00	D300 L150	地面　楼面	1. 地板漆2道（地板成品已带油漆者无此道工序） 2. 100×18长条硬木企口地板（背面满刷氟化钠防腐剂） 3. 50×50木龙骨@400架空20，表面刷防腐剂		
					4. C15混凝土垫层60厚 5. 碎石夯入土中150厚	4. CL7.5轻集料混凝土60厚 5. 现浇钢筋混凝土楼板或预制楼板之现浇叠合层	
	③	1.00	D300 L150	地面　楼面	1. 地板漆2道（地板成品已带油漆者无此道工序） 2. 100×18长条硬木企口地板（背面满刷氟化钠防腐剂） 3. 50×50木龙骨@400架空20，表面刷防腐剂		
					4. C15混凝土垫层60厚 5. 5~32卵石灌M2.5混合砂浆，振捣密实或3:7灰土150厚 6. 夯实土	4. 1:6水泥焦渣填充层60厚 5. 现浇钢筋混凝土楼板或预制楼板之现浇叠合层	

小搁栅单层长条硬木楼地面构造做法	图集号	
审核 颜宏亮 ~ 校对 陈镰 陈镰 设计 孟刚	页	63

名称	编号	重量(kN/m²)	厚度	简图	构造		附注
					地面	楼面	
碎拼石板（燃烧等级A）	①	1.00	D100 L40	地面　楼面	1. 碎拼石板20厚，1:2.5水泥磨石填缝，表面磨光 2. 1:3干硬性水泥砂浆结合层20厚，表面撒水泥粉 3. 水泥浆一道（内掺建筑胶） 4. C10混凝土垫层60厚 5. 夯实土	4. 现浇楼板或预制楼板上之现浇叠合层	1. 该面层适用于中庭、花房、敞廊等地面。
	②	1.80	D250 L100	地面　楼面	1. 碎拼石板20厚，1:2.5水泥磨石填缝，表面磨光 2. 1:3干硬性水泥砂浆结合层20厚，表面撒水泥粉 3. 水泥浆一道（内掺建筑胶） 4. C10混凝土垫层60厚 5. 碎石夯入土中150厚	1. 碎拼石板20厚，1:2.5水泥磨石填缝，表面磨光 2. 1:3干硬性水泥砂浆结合层20厚，表面撒水泥粉 3. CL7.5轻集料混凝土60厚 4. 现浇钢筋混凝土楼板或预制楼板之现浇叠合层	
	③	1.80	D250 L100	地面　楼面	1. 碎拼石板20厚，1:2.5水泥磨石填缝，表面磨光 2. 1:3干硬性水泥砂浆结合层20厚，表面撒水泥粉 3. 水泥浆一道（内掺建筑胶） 4. C10混凝土垫层60厚 5. 5~32卵石灌M2.5混合砂浆，振捣密实或3:7灰土150厚 6. 夯实土	3. 1:6水泥焦渣填充层60厚 4. 现浇钢筋混凝土楼板或预制楼板之现浇叠合层	

碎拼石板楼地面构造做法

名称	编号	重量(kN/m2)	厚度	简 图	构 造		附 注
					地 面	楼 面	
陶瓷锦砖（马赛克）（燃烧等级A）	①	0.50	D90 L30	地面 楼面	1.陶瓷锦砖5厚铺实拍平，干水泥擦缝 2.1:3干硬性水泥砂浆结合层20厚，表面撒水泥粉 3.水泥浆一道（内掺建筑胶）		1.该面层适用于卫生间、游泳池、浴室等有防滑要求的场所。 2.陶瓷锦砖之规格、品种、颜色及缝宽均见工程设计。
					4.C10混凝土垫层60厚 5.夯实土	4.现浇楼板或预制楼板上之现浇叠合层	
	②	1.35	D240 L90	地面 楼面	1.陶瓷锦砖5厚铺实拍平，干水泥擦缝 2.1:3干硬性水泥砂浆结合层20厚，表面撒水泥粉		
					3.水泥浆一道（内掺建筑胶） 4.C10混凝土垫层60厚 5.碎石夯入土中150厚	3.CL7.5轻集料混凝土60厚 4.现浇钢筋混凝土楼板或预制楼板之现浇叠合层	
	③	1.35	D240 L90	地面 楼面	1.陶瓷锦砖5厚铺实拍平，干水泥擦缝 2.1:3干硬性水泥砂浆结合层20厚，表面撒水泥粉		
					3.水泥浆一道（内掺建筑胶） 4.C10混凝土垫层60厚 5.5~32卵石灌M2.5混合砂浆，振捣密实或3:7灰土150厚 6.夯实土	3.1:6水泥焦渣填充层60厚 4.现浇钢筋混凝土楼板或预制楼板之现浇叠合层	

陶瓷锦砖楼地面构造做法

图集号	
审核 颜宏亮 ~~签名~~	校对 陈镌	陈镌	设计 孟刚 ~~签名~~	页 65

名称	编号	重量 (kN/m²)	厚度	简 图	构 造		附 注
					地 面	楼 面	
磨光花岗石板（燃烧等级A）	①	1.00	D100 L40	地面 楼面	1. 磨光花岗石板20厚，水泥浆擦缝 2. 1:3干硬性水泥砂浆结合层20厚，表面撒水泥粉 3. 水泥浆一道（内掺建筑胶）		1. 磨光花岗石板表面加工的品种有：镜面、光面、粗磨面、麻面（豆光）、条纹面（斧光）等规格、颜色及分缝拼法均见工程设计。防污剂的施工见厂家提供的说明书。 2. 建筑胶品种见工程设计，但须选用经检测、鉴定品质优良的产品。 3. 石材的放射性应符合现行国家标准JC518—93的规定。
					4. C10混凝土垫层60厚 5. 夯实土	4. 现浇楼板或预制楼板上之现浇叠合层	
	②	1.80	D250 L100	地面 楼面	1. 磨光花岗石板20厚，水泥浆擦缝 2. 1:3干硬性水泥砂浆结合层20厚，表面撒水泥粉		
					3. 水泥浆一道（内掺建筑胶） 4. C10混凝土垫层60厚 5. 碎石夯入土中150厚	3. CL7.5轻集料混凝土60厚 4. 现浇钢筋混凝土楼板或预制楼板之现浇叠合层	
	③	1.80	D250 L100	地面 楼面	1. 磨光花岗石板20厚，水泥浆擦缝 2. 1:3干硬性水泥砂浆结合层20厚，表面撒水泥粉		
					3. 水泥浆一道（内掺建筑胶） 4. C10混凝土垫层60厚 5. 5~32卵石灌M2.5混合砂浆，振捣密实或3:7灰土150厚 6. 夯实土	3. 1:6水泥焦渣填充层60厚 4. 现浇钢筋混凝土楼板或预制楼板之现浇叠合层	

磨光花岗石板楼地面构造做法

审核 颜宏亮　校对 陈镌　陈镌　设计 孟刚　　页 66

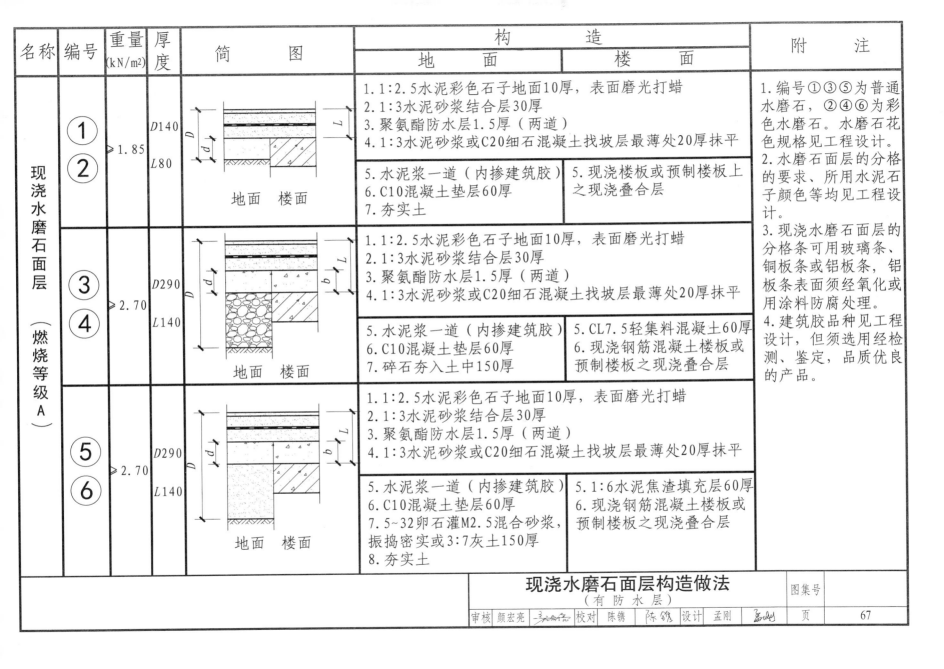

名称	编号	重量 (kN/m²)	厚度	简图	构造 地面	构造 楼面	附注
现浇水磨石面层 （燃烧等级A）	① ②	≥1.85	D140 L80	地面 楼面	1. 1:2.5水泥彩色石子地面10厚，表面磨光打蜡 2. 1:3水泥砂浆结合层30厚 3. 聚氨酯防水层1.5厚（两道） 4. 1:3水泥砂浆或C20细石混凝土找坡层最薄处20厚抹平		1. 编号①③⑤为普通水磨石，②④⑥为彩色水磨石。水磨石花色规格见工程设计。 2. 水磨石面层的分格的要求、所用水泥石子颜色等均见工程设计。 3. 现浇水磨石面层的分格条可用玻璃条、铜板条或铝板条，铝板条表面须经氧化或用涂料防腐处理。 4. 建筑胶品种见工程设计，但须选用经检测、鉴定，品质优良的产品。
					5. 水泥浆一道（内掺建筑胶） 6. C10混凝土垫层60厚 7. 夯实土	5. 现浇楼板或预制楼板上之现浇叠合层	
	③ ④	≥2.70	D290 L140	地面 楼面	1. 1:2.5水泥彩色石子地面10厚，表面磨光打蜡 2. 1:3水泥砂浆结合层30厚 3. 聚氨酯防水层1.5厚（两道） 4. 1:3水泥砂浆或C20细石混凝土找坡层最薄处20厚抹平		
					5. 水泥浆一道（内掺建筑胶） 6. C10混凝土垫层60厚 7. 碎石夯入土中150厚	5. CL7.5轻集料混凝土60厚 6. 现浇钢筋混凝土楼板或预制楼板之现浇叠合层	
	⑤ ⑥	≥2.70	D290 L140	地面 楼面	1. 1:2.5水泥彩色石子地面10厚，表面磨光打蜡 2. 1:3水泥砂浆结合层30厚 3. 聚氨酯防水层1.5厚（两道） 4. 1:3水泥砂浆或C20细石混凝土找坡层最薄处20厚抹平		
					5. 水泥浆一道（内掺建筑胶） 6. C10混凝土垫层60厚 7. 5~32卵石灌M2.5混合砂浆，振捣密实或3:7灰土150厚 8. 夯实土	5. 1:6水泥焦渣填充层60厚 6. 现浇钢筋混凝土楼板或预制楼板之现浇叠合层	

现浇水磨石面层构造做法
（有防水层）

审核	颜宏亮	校对	陈镌 陈镌	设计	孟刚	图集号

名称	编号	重量 (kN/m²)	厚度	简 图	构 造		附 注
					地 面	楼 面	
水泥砂浆面层（燃烧等级A）	①	0.40	D80 L20	地面 楼面	1. 1:2.5水泥砂浆20厚 2. 水泥浆一道（内掺建筑胶） 3. C10混凝土垫层60厚 4. 夯实土	3. 现浇楼板或预制楼板上之现浇叠合层	1. 建筑胶品种见工程设计，但须选用经检测、鉴定、品质优良的产品。 2. 3:7灰土技术要求见GB50209—95。
	②	1.25	D230 L80	地面 楼面	1. 1:2.5水泥砂浆20厚 2. 水泥浆一道（内掺建筑胶） 3. C10混凝土垫层60厚 4. 碎石夯入土中150厚	3. CL7.5轻集料混凝土60厚 4. 现浇钢筋混凝土楼板或预制楼板之现浇叠合层	
	③	1.25	D230 L80	地面 楼面	1. 1:2.5水泥砂浆20厚 2. 水泥浆一道（内掺建筑胶） 3. C10混凝土垫层60厚 4. 5~32卵石灌M2.5混合砂浆，振捣密实或3:7灰土150厚 5. 夯实土	3. 1:6水泥焦渣填充层60厚 4. 现浇钢筋混凝土楼板或预制楼板之现浇叠合层	

水泥砂浆楼地面构造做法

图集号

名称	编号	重量 (kN/m²)	厚度	简　图	构　　造		附　　注
					地　面	楼　面	
水泥花砖（燃烧等级A）	①	0.80	D100 L40	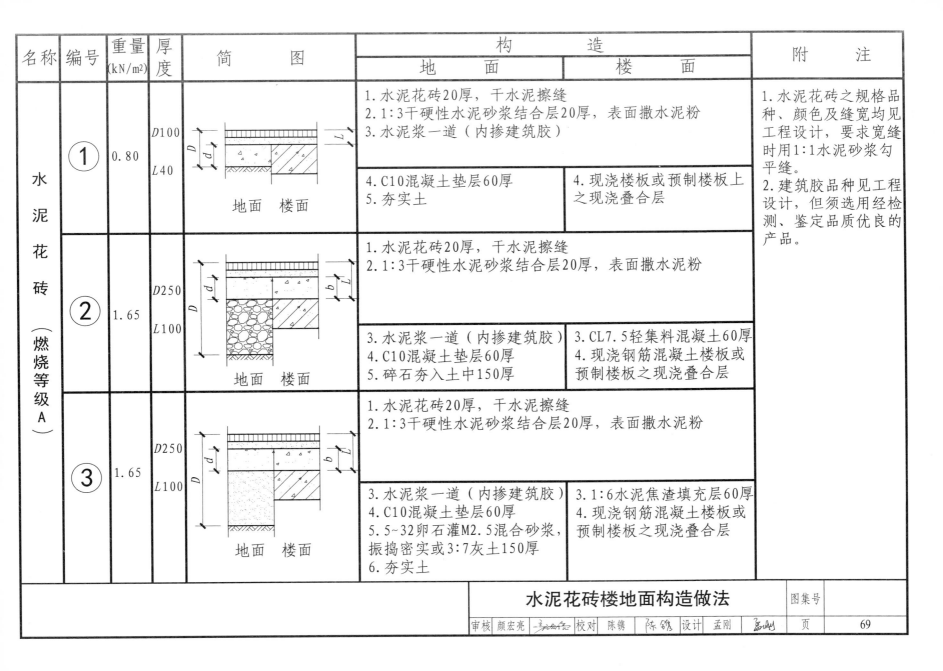地面　楼面	1. 水泥花砖20厚，干水泥擦缝 2. 1:3干硬性水泥砂浆结合层20厚，表面撒水泥粉 3. 水泥浆一道（内掺建筑胶）		1. 水泥花砖之规格品种、颜色及缝宽均见工程设计，要求宽缝时用1:1水泥砂浆勾平缝。 2. 建筑胶品种见工程设计，但须选用经检测、鉴定品质优良的产品。
					4. C10混凝土垫层60厚 5. 夯实土	4. 现浇楼板或预制楼板上之现浇叠合层	
	②	1.65	D250 L100	地面　楼面	1. 水泥花砖20厚，干水泥擦缝 2. 1:3干硬性水泥砂浆结合层20厚，表面撒水泥粉		
					3. 水泥浆一道（内掺建筑胶） 4. C10混凝土垫层60厚 5. 碎石夯入土中150厚	3. CL7.5轻集料混凝土60厚 4. 现浇钢筋混凝土楼板或预制楼板之现浇叠合层	
	③	1.65	D250 L100	地面　楼面	1. 水泥花砖20厚，干水泥擦缝 2. 1:3干硬性水泥砂浆结合层20厚，表面撒水泥粉		
					3. 水泥浆一道（内掺建筑胶） 4. C10混凝土垫层60厚 5. 5~32卵石灌M2.5混合砂浆，振捣密实或3:7灰土150厚 6. 夯实土	3. 1:6水泥焦渣填充层60厚 4. 现浇钢筋混凝土楼板或预制楼板之现浇叠合层	

水泥花砖楼地面构造做法

审核	颜宏亮		校对	陈镳	陈镳	设计	孟刚		页	69

图集号

名称	编号	重量(kN/m²)	厚度	简　图	构　造 地　面	构　造 楼　面	附　注
细石混凝土面层（燃烧等级A）	①	1.00	D100 L40	地面　楼面	1.C20细石混凝土40厚，表面撒1:1水泥砂子随打随抹光 2.水泥浆一道（内掺建筑胶）		1.建筑胶品种见工程设计，但须选用经检测、鉴定、品质优良的产品。 2.3:7灰土技术要求见GB50209—95。
					3.C10混凝土垫层60厚 4.夯实土	3.现浇楼板或预制楼板上之现浇叠合层	
	②	1.85	D250 L100	地面　楼面	1.C20细石混凝土40厚，表面撒1:1水泥砂子随打随抹光 2.水泥浆一道（内掺建筑胶）		
					3.C10混凝土垫层60厚 4.碎石夯入土中150厚	3.CL7.5轻集料混凝土60厚 4.现浇钢筋混凝土楼板或预制楼板之现浇叠合层	
	③	1.85	D250 L100	地面　楼面	1.C20细石混凝土40厚，表面撒1:1水泥砂子随打随抹光 2.水泥浆一道（内掺建筑胶）		
					3.C10混凝土垫层60厚 4.5~32卵石灌M2.5混合砂浆，振捣密实或3:7灰土150厚 5.夯实土	3.1:6水泥焦渣填充层60厚 4.现浇钢筋混凝土楼板或预制楼板之现浇叠合层	

细石混凝土楼地面构造做法

							图集号	
审核	颜宏亮		校对	陈镜	设计	孟刚	页	70

名称	编号	重量 (kN/m²)	厚度	简　图	构　造　地　面	构　造　楼　面	附　注
防滑彩色釉面砖（燃烧等级A）	①	≥1.80	D140 L80	地面　楼面	1. 防滑彩色釉面砖8~10厚，干水泥擦缝 2. 1:3干硬性水泥砂浆结合层30厚表面撒水泥粉 3. 聚氨酯防水层1.5厚（两道） 4. 1:3水泥砂浆或C20细石混凝土找坡层最薄处20厚抹平 5. 水泥浆一道（内掺建筑胶） 6. C10混凝土垫层60厚 7. 夯实土	5. 现浇楼板或预制楼板上之现浇叠合层	1. 该面层适用于卫生间、游泳池、浴室等有防滑要求的场所。 2. 细石混凝土找坡<30厚时用1:3水泥砂浆，≥30时用C20细石混凝土找坡。 3. 找坡层厚度按平均40计算，如与实际不符应适当增减。 4. 防滑彩色釉面砖之规格、品种、颜色及缝宽均见工程设计，要求宽缝时用1:1水泥砂浆勾平缝。
	②	≥2.65	D290 L140	地面　楼面	1. 防滑彩色釉面砖8~10厚，干水泥擦缝 2. 1:3干硬性水泥砂浆结合层30厚表面撒水泥粉 3. 聚氨酯防水层1.5厚（两道） 4. 1:3水泥砂浆或C20细石混凝土找坡层最薄处20厚抹平 5. 水泥浆一道（内掺建筑胶） 6. C10混凝土垫层60厚 7. 碎石夯入土中150厚	5. CL7.5轻集料混凝土60厚 6. 现浇钢筋混凝土楼板或预制楼板之现浇叠合层	
	③	≥2.65	D290 L140	地面　楼面	1. 防滑彩色釉面砖8~10厚，干水泥擦缝 2. 1:3干硬性水泥砂浆结合层30厚表面撒水泥粉 3. 聚氨酯防水层1.5厚（两道） 4. 1:3水泥砂浆或C20细石混凝土找坡层最薄处20厚抹平 5. 水泥浆一道（内掺建筑胶） 6. C10混凝土垫层60厚 7. 5~32卵石灌M2.5混合砂浆，振捣密实或3:7灰土150厚 8. 夯实土	5. 1:6水泥焦渣填充层60厚 6. 现浇钢筋混凝土楼板或预制楼板之现浇叠合层	

防滑彩色釉面砖楼地面构造做法
（有防水层）

审核	颜宏亮	校对	陈镶	设计	孟刚	图集号	

页 71

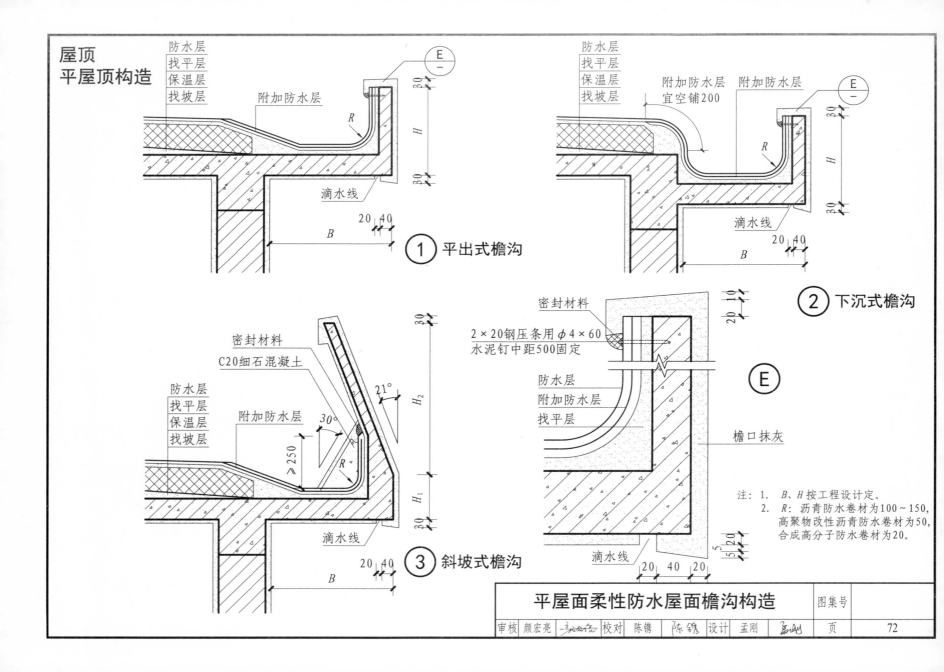

屋顶
平屋顶构造

防水层
找平层
保温层
找坡层

附加防水层

R

滴水线

H

B

① 平出式檐沟

附加防水层
宜空铺200

附加防水层

R

H

滴水线

B

② 下沉式檐沟

密封材料

C20细石混凝土

防水层
找平层
保温层
找坡层

附加防水层

30°
≥250
21°

R

H_2

H_1

滴水线

B

③ 斜坡式檐沟

密封材料

2×20钢压条用φ4×60
水泥钉中距500固定

防水层

附加防水层

找平层

檐口抹灰

滴水线

E

注：1. B、H按工程设计定。
   2. R：沥青防水卷材为100~150，
      高聚物改性沥青防水卷材为50，
      合成高分子防水卷材为20。

平屋面柔性防水屋面檐沟构造

图集号

审核 颜宏亮 | 校对 陈镳 | 设计 孟刚 | 页 72

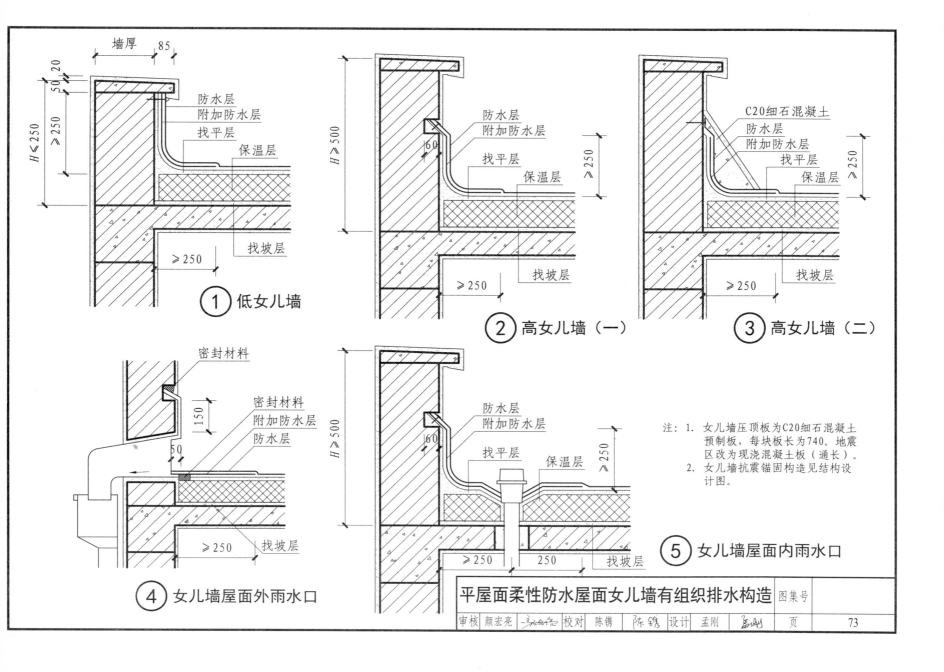

① 低女儿墙

② 高女儿墙（一）

③ 高女儿墙（二）

④ 女儿墙屋面外雨水口

⑤ 女儿墙屋面内雨水口

图① 标注： 墙厚　85　50　20　H≤250　≥250　防水层　附加防水层　找平层　保温层　找坡层　≥250

图② 标注： H≥500　60　防水层　附加防水层　找平层　保温层　≥250　找坡层　≥250

图③ 标注： C20细石混凝土　防水层　附加防水层　找平层　保温层　≥250　找坡层　≥250

图④ 标注： 密封材料　密封材料　附加防水层　防水层　150　50　找坡层　≥250

图⑤ 标注： 密封材料　H≥500　60　防水层　附加防水层　找平层　保温层　≥250　找坡层　≥250　250

注：1. 女儿墙压顶板为C20细石混凝土
预制板，每块板长为740。地震
区改为现浇混凝土板（通长）。
2. 女儿墙抗震锚固构造见结构设
计图。

平屋面柔性防水屋面女儿墙有组织排水构造

| 审核 | 颜宏亮 | | 校对 | 陈镌 | 陈镌 | 设计 | 孟刚 | 孟刚 | 页 | 73 |

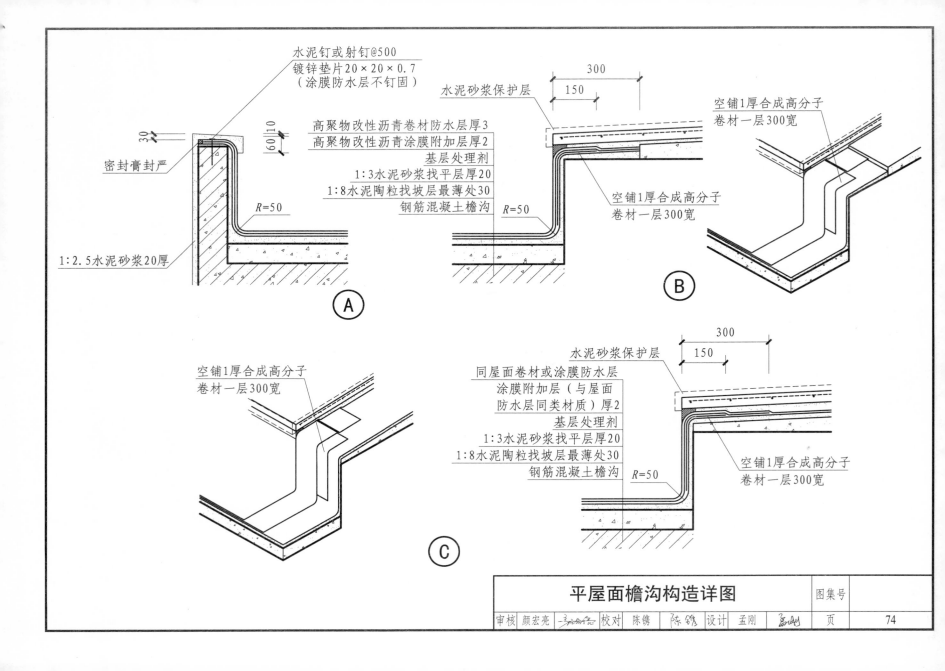

水泥钉或射钉@500
镀锌垫片20×20×0.7
（涂膜防水层不钉固）

水泥砂浆保护层

300
150

空铺1厚合成高分子
卷材一层300宽

高聚物改性沥青卷材防水层厚3
高聚物改性沥青涂膜附加层厚2
基层处理剂
1:3水泥砂浆找平层厚20
1:8水泥陶粒找坡层最薄处30
钢筋混凝土檐沟

30

60 10

密封膏封严

R=50

空铺1厚合成高分子
卷材一层300宽

R=50

1:2.5水泥砂浆20厚

Ⓐ

Ⓑ

空铺1厚合成高分子
卷材一层300宽

水泥砂浆保护层

300
150

同屋面卷材或涂膜防水层
涂膜附加层（与屋面
防水层同类材质）厚2
基层处理剂
1:3水泥砂浆找平层厚20
1:8水泥陶粒找坡层最薄处30
钢筋混凝土檐沟

空铺1厚合成高分子
卷材一层300宽

R=50

Ⓒ

平屋面檐沟构造详图

图集号	
审核 颜宏亮 校对 陈镌 陈镌 设计 孟刚	页

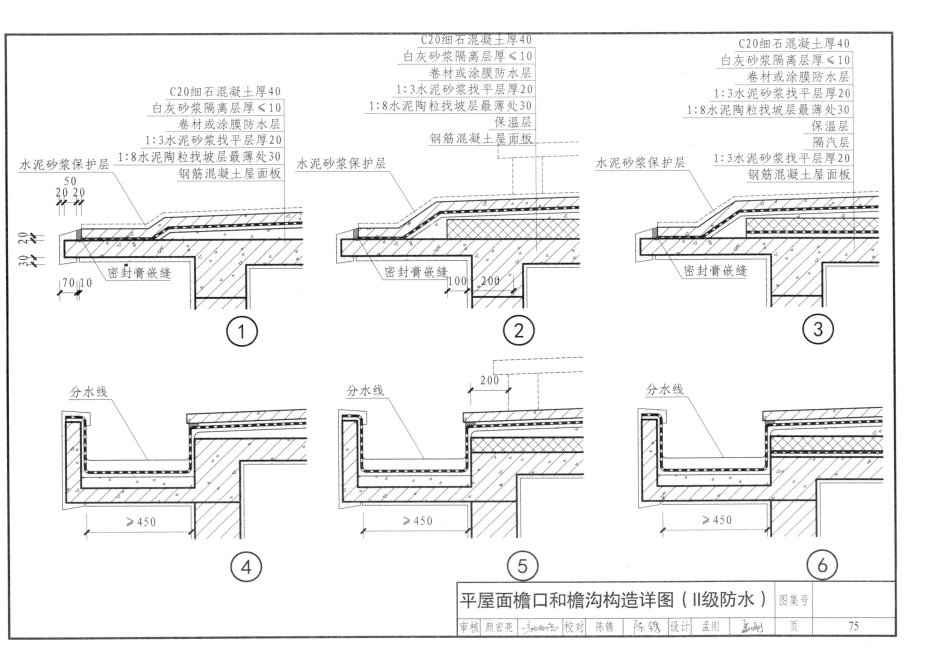

C20细石混凝土厚40
白灰砂浆隔离层厚≤10
卷材或涂膜防水层
1:3水泥砂浆找平层厚20
1:8水泥陶粒找坡层最薄处30
钢筋混凝土屋面板

水泥砂浆保护层

密封膏嵌缝

①

C20细石混凝土厚40
白灰砂浆隔离层厚≤10
卷材或涂膜防水层
1:3水泥砂浆找平层厚20
1:8水泥陶粒找坡层最薄处30
保温层
钢筋混凝土屋面板

水泥砂浆保护层

密封膏嵌缝
100 200

②

C20细石混凝土厚40
白灰砂浆隔离层厚≤10
卷材或涂膜防水层
1:3水泥砂浆找平层厚20
1:8水泥陶粒找坡层最薄处30
保温层
隔汽层
1:3水泥砂浆找平层厚20
钢筋混凝土屋面板

水泥砂浆保护层

密封膏嵌缝

③

分水线

≥450

④

分水线
200

≥450

⑤

分水线

≥450

⑥

平屋面檐口和檐沟构造详图（II级防水）

					图集号	
审核	颜宏亮	校对	陈镌 陈镌	设计	孟刚 孟刚	页
						75

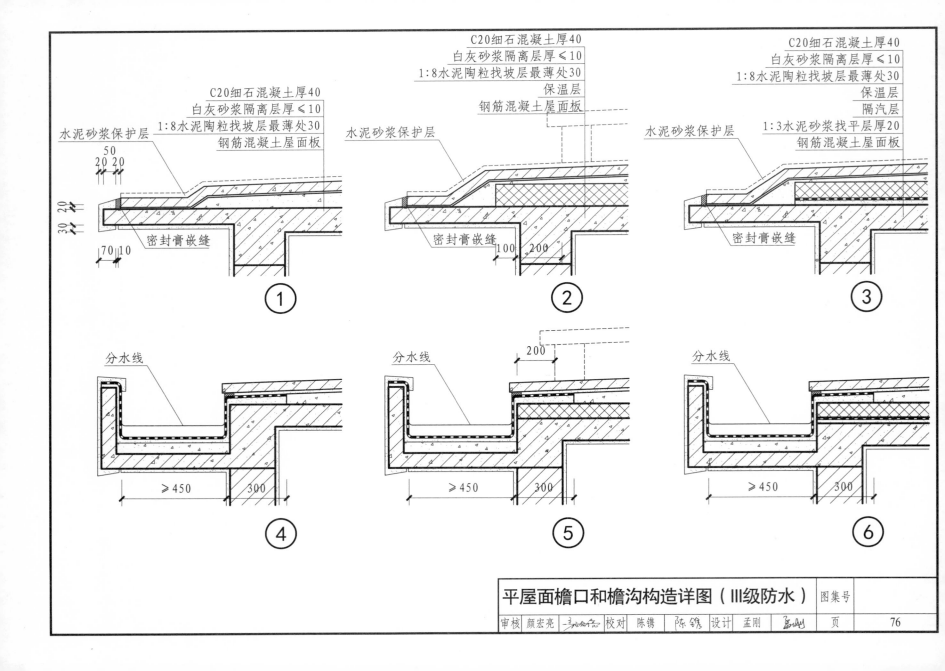

C20细石混凝土厚40
白灰砂浆隔离层厚≤10
1:8水泥陶粒找坡层最薄处30
钢筋混凝土屋面板

C20细石混凝土厚40
白灰砂浆隔离层厚≤10
1:8水泥陶粒找坡层最薄处30
保温层
钢筋混凝土屋面板

C20细石混凝土厚40
白灰砂浆隔离层厚≤10
1:8水泥陶粒找坡层最薄处30
保温层
隔汽层
1:3水泥砂浆找平层厚20
钢筋混凝土屋面板

水泥砂浆保护层

水泥砂浆保护层

水泥砂浆保护层

密封膏嵌缝

密封膏嵌缝

密封膏嵌缝

① ② ③

分水线 分水线 分水线

≥450 300 ≥450 300 ≥450 300

④ ⑤ ⑥

平屋面檐口和檐沟构造详图（Ⅲ级防水）

图集号

审核 颜宏亮 校对 陈镌 陈镌 设计 孟刚

页

76

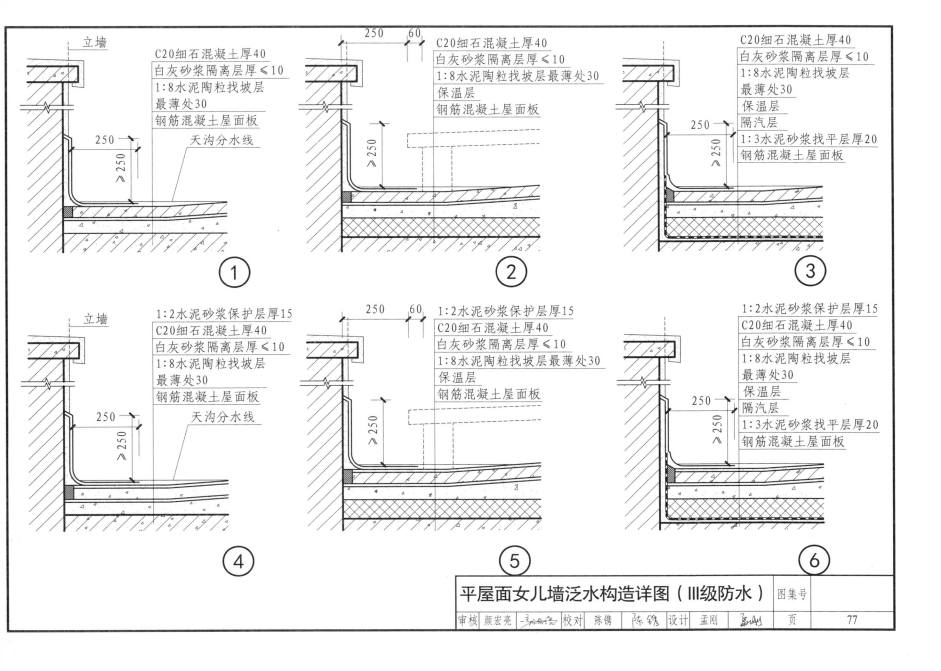

① C20细石混凝土厚40
白灰砂浆隔离层厚≤10
1:8水泥陶粒找坡层
最薄处30
钢筋混凝土屋面板
天沟分水线
立墙
250
≥250

② 250 60
C20细石混凝土厚40
白灰砂浆隔离层厚≤10
1:8水泥陶粒找坡层最薄处30
保温层
钢筋混凝土屋面板
≥250

③ C20细石混凝土厚40
白灰砂浆隔离层厚≤10
1:8水泥陶粒找坡层
最薄处30
保温层
隔汽层
1:3水泥砂浆找平层厚20
钢筋混凝土屋面板
250
≥250

④ 立墙
1:2水泥砂浆保护层厚15
C20细石混凝土厚40
白灰砂浆隔离层厚≤10
1:8水泥陶粒找坡层
最薄处30
钢筋混凝土屋面板
天沟分水线
250
≥250

⑤ 250 60
1:2水泥砂浆保护层厚15
C20细石混凝土厚40
白灰砂浆隔离层厚≤10
1:8水泥陶粒找坡层最薄处30
保温层
钢筋混凝土屋面板
≥250

⑥ 1:2水泥砂浆保护层厚15
C20细石混凝土厚40
白灰砂浆隔离层厚≤10
1:8水泥陶粒找坡层
最薄处30
保温层
隔汽层
1:3水泥砂浆找平层厚20
钢筋混凝土屋面板
250
≥250

平屋面女儿墙泛水构造详图（Ⅲ级防水）

图集号	
审核 颜宏亮	校对 陈镌 陈镌 设计 孟刚	页 77

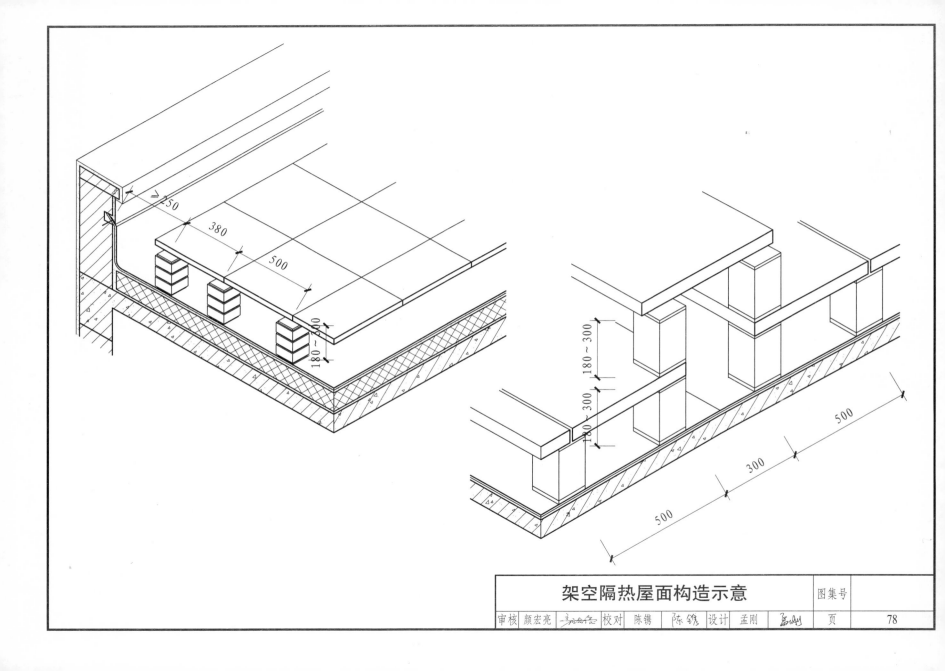

架空隔热屋面构造示意

图集号	
审核 颜宏亮	校对 陈镳 陈镳 设计 孟刚	页 78

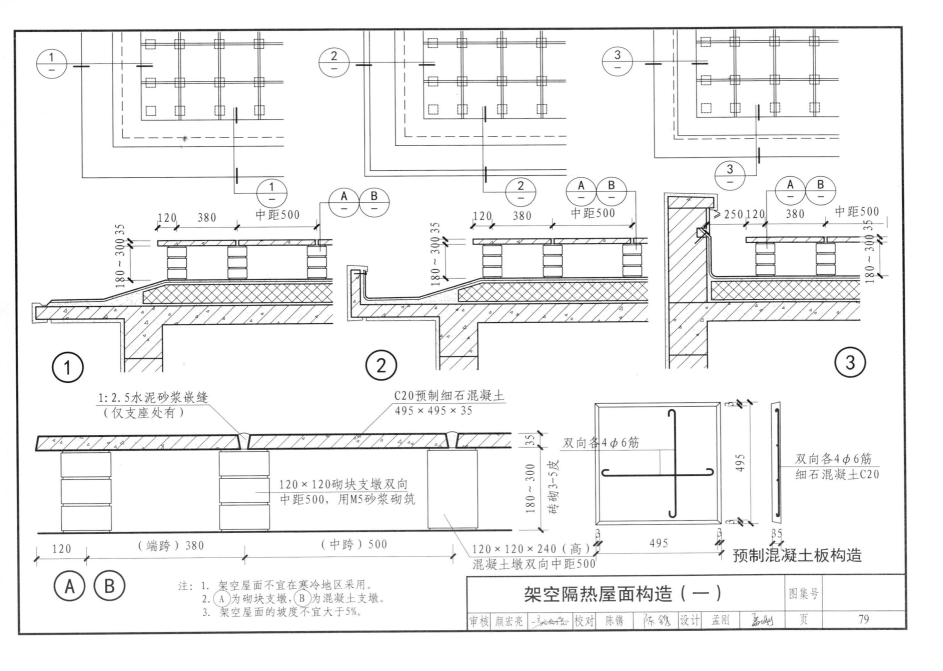

① ② ③

| 120 | 380 | 中距500 | Ⓐ Ⓑ |

120 380 中距500

≥250 120 380 中距500

180～300 35

① ② ③

Ⓐ Ⓑ

1:2.5水泥砂浆嵌缝
（仅支座处有）

C20预制细石混凝土
495×495×35

双向各4φ6筋

双向各4φ6筋
细石混凝土C20

35

180～300

砖砌3-5皮

120×120砌块支墩双向
中距500，用M5砂浆砌筑

120 （端跨）380 （中跨）500

120×120×240（高）
混凝土墩双向中距500

495

3 5

预制混凝土板构造

Ⓐ Ⓑ

注：1. 架空屋面不宜在寒冷地区采用。
    2. Ⓐ为砌块支墩，Ⓑ为混凝土支墩。
    3. 架空屋面的坡度不宜大于5%。

架空隔热屋面构造（一）

| 审核 | 颜宏亮 | | 校对 | 陈镌 | | 设计 | 孟刚 | | 图集号 | |
| | | | | 陈镌 | | | | | 页 | 79 |

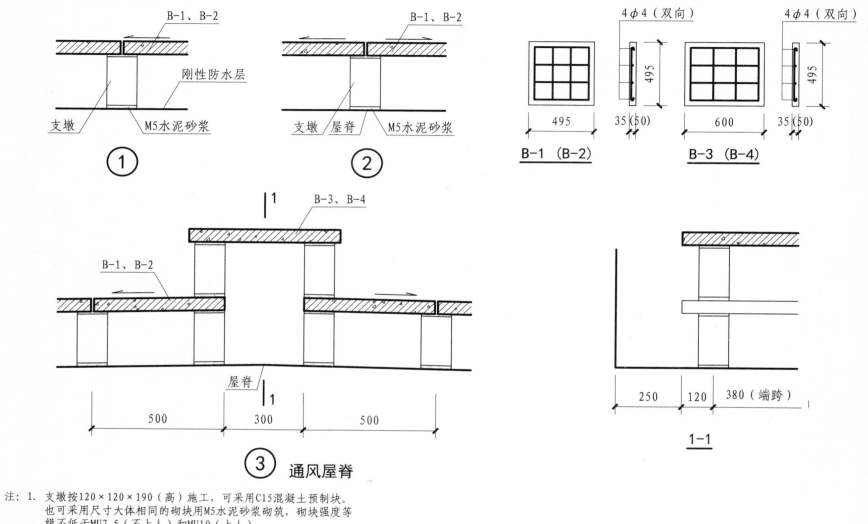

③ 通风屋脊

注：1. 支墩按120×120×190（高）施工，可采用C15混凝土预制块。
    也可采用尺寸大体相同的砌块用M5水泥砂浆砌筑，砌块强度等
    级不低于MU7.5（不上人）和MU10（上人）。
   2. B-1～B-4采用C20细石混凝土预制，B-2、B-4用于上人屋面。
   3. 屋面坡长大于5m时，屋脊做法采用③。
   4. 板缝用1:3水泥砂浆勾填。

架空隔热屋面构造（二）		图集号	
审核 颜宏亮 [签名] 校对 陈镔 陈镔 设计 孟刚 [签名]		页	80

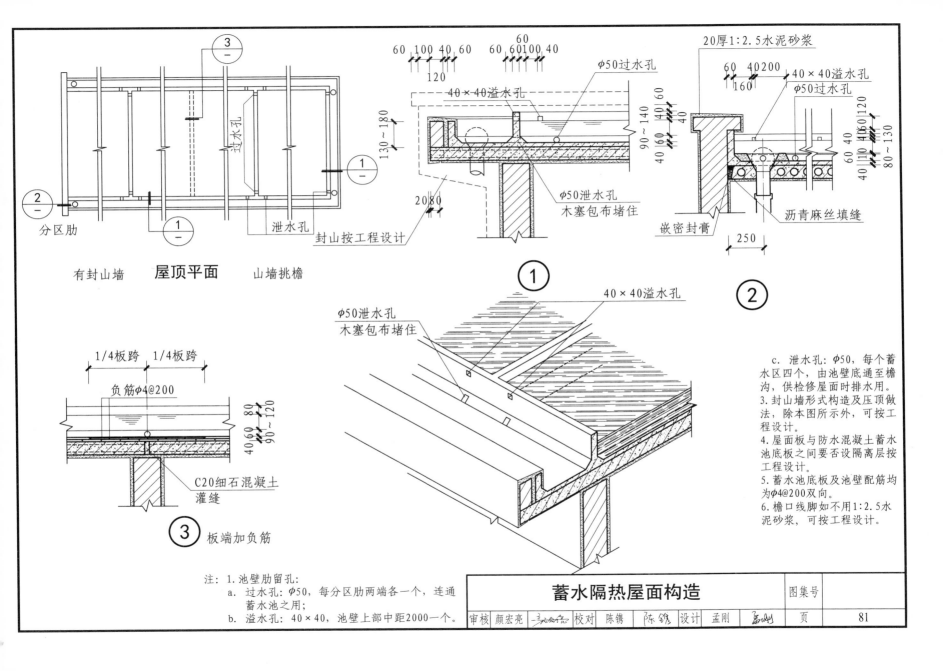

有封山墙　　**屋顶平面**　　山墙挑檐

分区肋

过水孔

泄水孔

$130 \sim 180$

$20\,80$

封山按工程设计

60 100 40 60

120

60 60 100 40

60

40×40溢水孔

$\phi 50$过水孔

$90 \sim 140$

40 60 40

40

$\phi 50$泄水孔
木塞包布堵住

20厚1:2.5水泥砂浆

60 40 200

160

40×40溢水孔

$\phi 50$过水孔

60 40 110 40 60 120

$80 \sim 130$

嵌密封膏

沥青麻丝填缝

250

1/4板跨　1/4板跨

负筋$\phi 4@200$

40 60 80

$90 \sim 120$

C20细石混凝土
灌缝

③ 板端加负筋

$\phi 50$泄水孔
木塞包布堵住

40×40溢水孔

c. 泄水孔：$\phi 50$，每个蓄
水区四个，由池壁底通至檐
沟，供检修屋面时排水用。
3.封山墙形式构造及压顶做
法，除本图所示外，可按工
程设计。
4.屋面板与防水混凝土蓄水
池底板之间要否设隔离层按
工程设计。
5.蓄水池底板及池壁配筋均
为$\phi 4@200$双向。
6.檐口线脚如不用1:2.5水
泥砂浆，可按工程设计。

注：1.池壁肋留孔：
　　　a. 过水孔：$\phi 50$，每分区肋两端各一个，连通
　　　　蓄水池之用；
　　　b. 溢水孔：40×40，池壁上部中距2000一个。

蓄水隔热屋面构造

审核	颜宏亮		校对	陈镌	陈镌	设计	孟刚		图集号	
									页	81

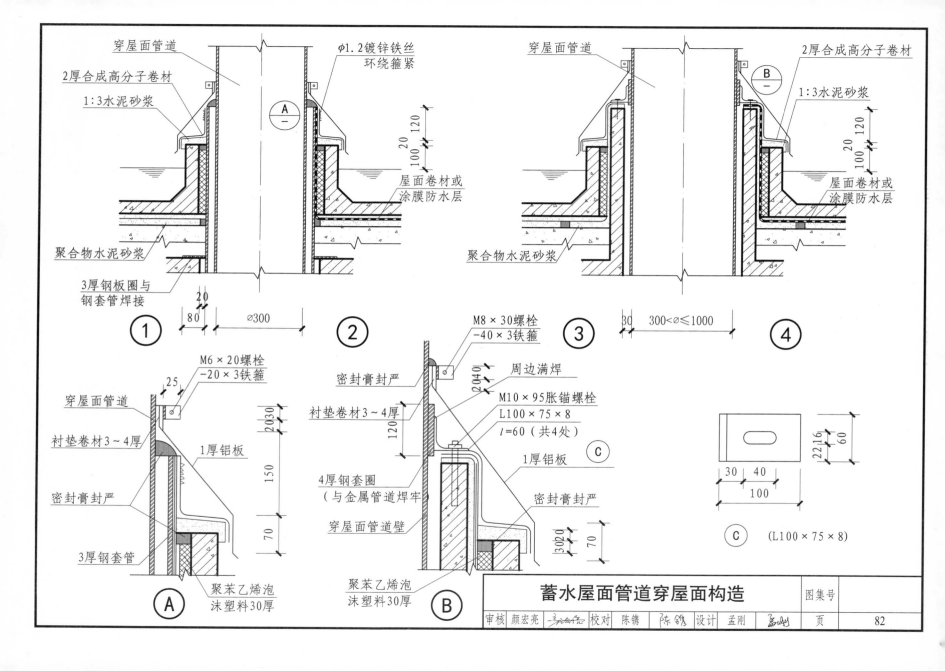

穿屋面管道

2厚合成高分子卷材

1:3水泥砂浆

φ1.2镀锌铁丝环绕箍紧

屋面卷材或涂膜防水层

聚合物水泥砂浆

3厚钢板圈与钢套管焊接

∅300

①

②

穿屋面管道

2厚合成高分子卷材

1:3水泥砂浆

屋面卷材或涂膜防水层

聚合物水泥砂浆

300<∅≤1000

③

④

M6×20螺栓
−20×3铁箍

穿屋面管道

衬垫卷材3～4厚

1厚铝板

密封膏封严

3厚钢套管

聚苯乙烯泡沫塑料30厚

Ⓐ

M8×30螺栓
−40×3铁箍

密封膏封严

衬垫卷材3～4厚

周边满焊

M10×95胀锚螺栓
L100×75×8
l=60（共4处）

4厚钢套圈
（与金属管道焊牢

穿屋面管道壁

1厚铝板

密封膏封严

聚苯乙烯泡沫塑料30厚

Ⓑ

Ⓒ
（L100×75×8）

100
30 40
22 16 60

蓄水屋面管道穿屋面构造

| 审核 | 颜宏亮 | 校对 | 陈镌 | 陈镌 | 设计 | 孟刚 | | 图集号 | |
| | | | | | | | | 页 | 82 |

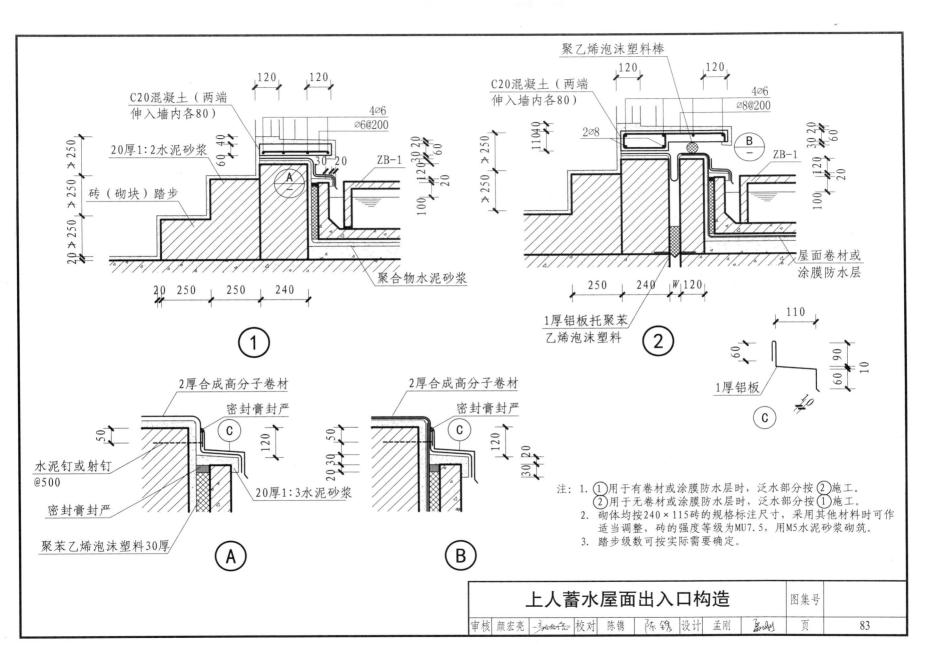

上人蓄水屋面出入口构造

图集号

注：
1. ① 用于有卷材或涂膜防水层时，泛水部分按 ② 施工。
   ② 用于无卷材或涂膜防水层时，泛水部分按 ① 施工。
2. 砌体均按240×115砖的规格标注尺寸，采用其他材料时可作适当调整，砖的强度等级为MU7.5，用M5水泥砂浆砌筑。
3. 踏步级数可按实际需要确定。

审核 颜宏亮　校对 陈镌　陈镌　设计 孟刚　　页 83

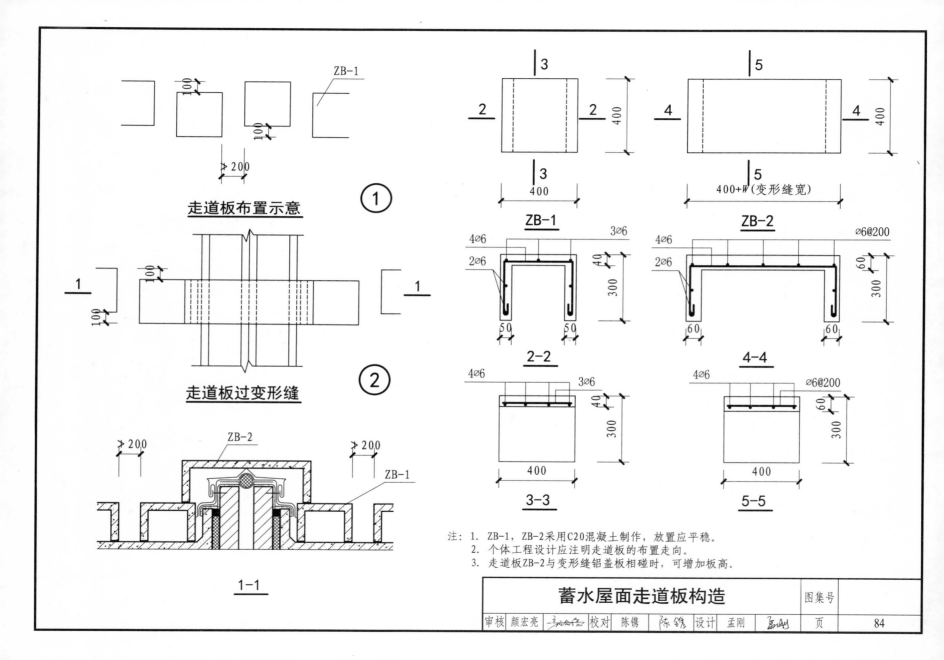

走道板布置示意 ①

走道板过变形缝 ②

ZB-1

ZB-2

2-2

4-4

3-3

5-5

400+W（变形缝宽）

1-1

注： 1. ZB-1，ZB-2采用C20混凝土制作，放置应平稳。
 2. 个体工程设计应注明走道板的布置走向。
 3. 走道板ZB-2与变形缝铝盖板相碰时，可增加板高。

蓄水屋面走道板构造

图集号

审核 颜宏亮　校对 陈镌　陈镌　设计 孟刚

页 84

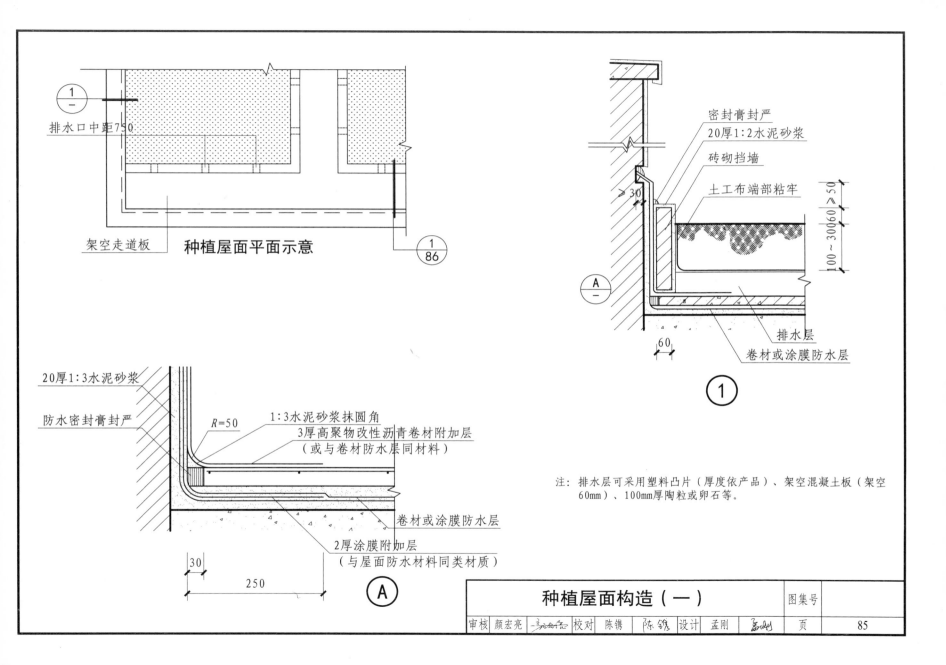

种植屋面平面示意

排水口中距750

架空走道板

1
—
86

密封膏封严
20厚1:2水泥砂浆
砖砌挡墙
土工布端部粘牢
≥30
排水层
卷材或涂膜防水层

100～300 60 ≥50

60

A
—

1

20厚1:3水泥砂浆

防水密封膏封严

R=50

1:3水泥砂浆抹圆角
3厚高聚物改性沥青卷材附加层
（或与卷材防水层同材料）

卷材或涂膜防水层

2厚涂膜附加层
（与屋面防水材料同类材质）

30

250

A

注：排水层可采用塑料凸片（厚度依产品）、架空混凝土板（架空
60mm）、100mm厚陶粒或卵石等。

种植屋面构造（一）

图集号

审核 颜宏亮 校对 陈镌 设计 孟刚

页 85

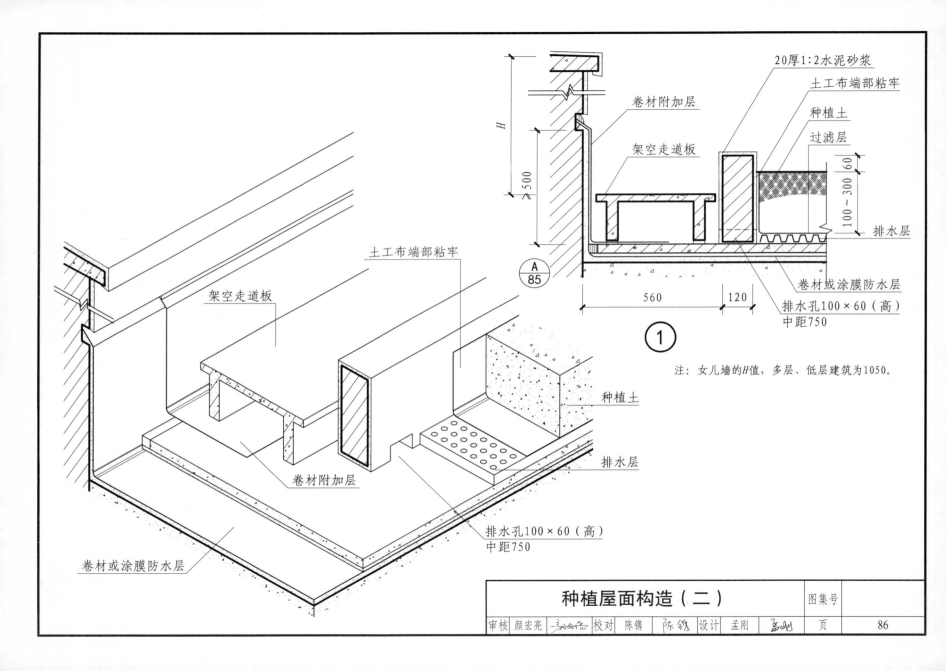

20厚1:2水泥砂浆

土工布端部粘牢

种植土

过滤层

卷材附加层

架空走道板

卷材或涂膜防水层

排水层

H

≥500

100～300

60

排水孔100×60（高）
中距750

560

120

$\dfrac{A}{85}$

①

注：女儿墙的H值，多层、低层建筑为1050。

土工布端部粘牢

架空走道板

种植土

卷材附加层

排水层

排水孔100×60（高）
中距750

卷材或涂膜防水层

种植屋面构造（二）

图集号

审核 颜宏亮　校对 陈镌　陈镌　设计 孟刚　　页 86

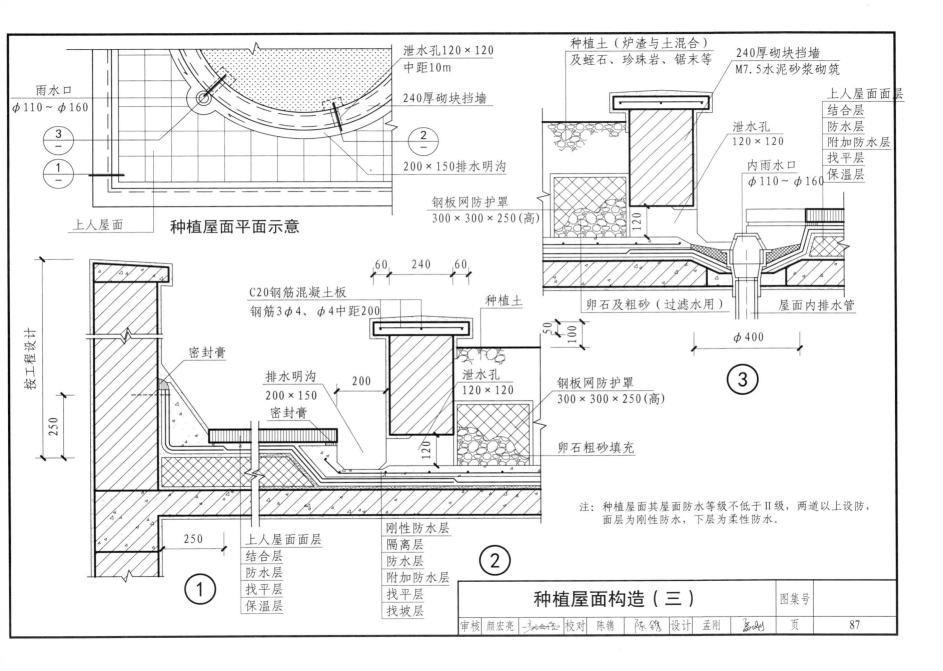

雨水口
φ110～φ160

泄水孔120×120
中距10m

240厚砌块挡墙

200×150排水明沟

③
─
①
─
②
─

上人屋面

种植屋面平面示意

种植土（炉渣与土混合）
及蛭石、珍珠岩、锯末等

240厚砌块挡墙
M7.5水泥砂浆砌筑

泄水孔
120×120

上人屋面面层
结合层
防水层
附加防水层
找平层
保温层

内雨水口
φ110～φ160

钢板网防护罩
300×300×250(高)

卵石及粗砂（过滤水用）

屋面内排水管

120

φ400

③
─

按工程设计

250

密封膏

C20钢筋混凝土板
钢筋3φ4、φ4中距200

60 240 60

种植土

排水明沟
200×150

200

密封膏

泄水孔
120×120

钢板网防护罩
300×300×250(高)

卵石粗砂填充

50
100

120

注：种植屋面其屋面防水等级不低于II级，两道以上设防，
面层为刚性防水，下层为柔性防水。

250

上人屋面面层
结合层
防水层
找平层
保温层

刚性防水层
隔离层
防水层
附加防水层
找平层
找坡层

①

②

种植屋面构造（三）

图集号

审核 颜宏亮 校对 陈镌 陈镌 设计 孟刚

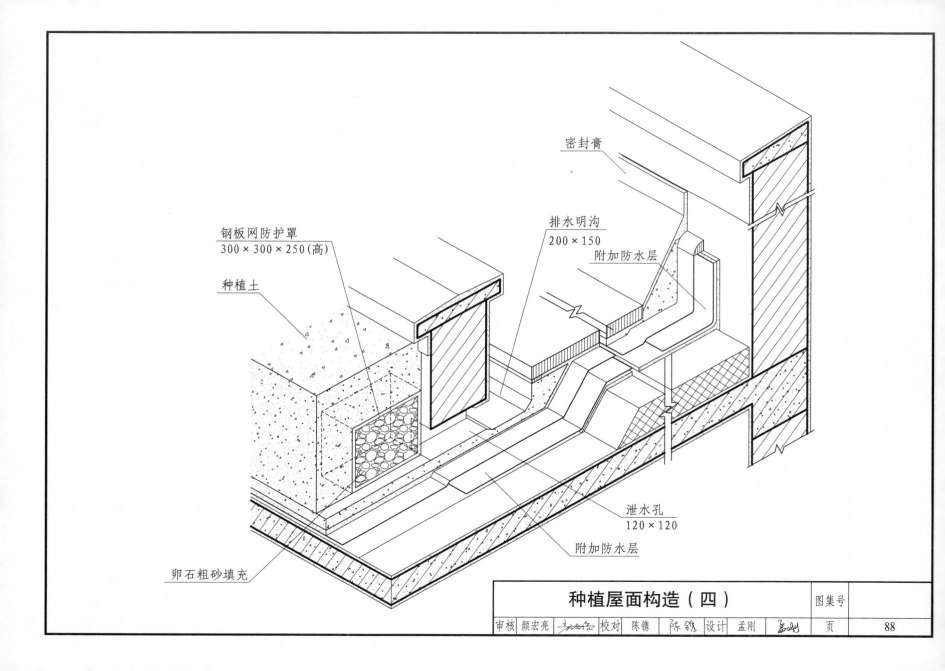

钢板网防护罩
300×300×250(高)

种植土

密封膏

排水明沟
200×150

附加防水层

泄水孔
120×120

附加防水层

卵石粗砂填充

种植屋面构造（四）

图集号	
审核 颜宏亮 [签名] 校对 陈镥 陈镥 设计 孟刚 [签名]	页	88

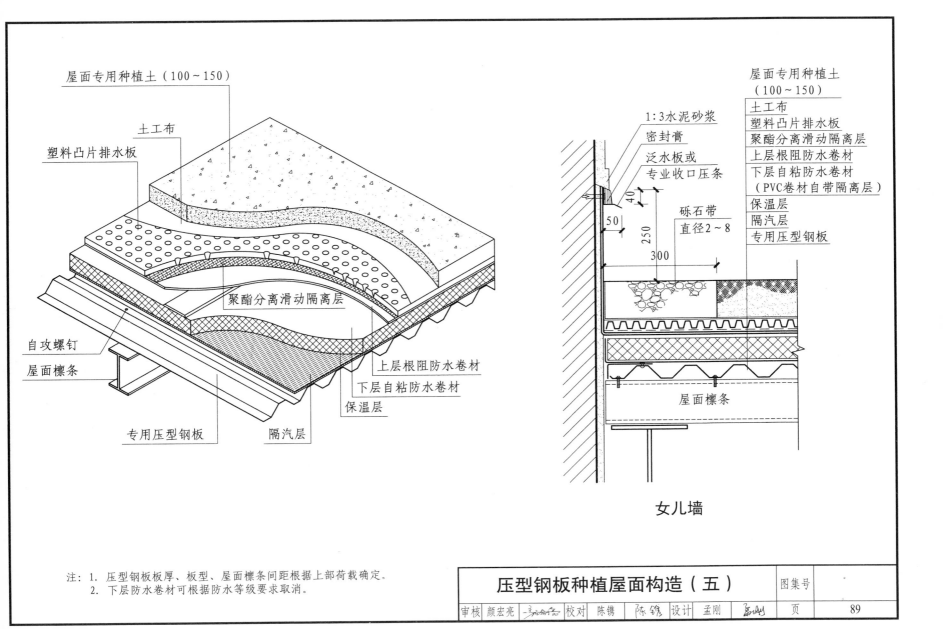

屋面专用种植土（100～150）

土工布

塑料凸片排水板

聚酯分离滑动隔离层

自攻螺钉

屋面檩条

专用压型钢板

隔汽层

保温层

下层自粘防水卷材

上层根阻防水卷材

1:3水泥砂浆

密封膏

泛水板或
专业收口压条

砾石带
直径2～8

50

40

250

300

屋面专用种植土
（100～150）

土工布

塑料凸片排水板

聚酯分离滑动隔离层

上层根阻防水卷材

下层自粘防水卷材
（PVC卷材自带隔离层）

保温层

隔汽层

专用压型钢板

屋面檩条

女儿墙

注：1. 压型钢板板厚、板型、屋面檩条间距根据上部荷载确定。
    2. 下层防水卷材可根据防水等级要求取消。

压型钢板种植屋面构造（五）

审核 颜宏亮　　校对 陈镌　陈镌　设计 孟刚

图集号

页 89

坡屋顶构造

彩色水泥块瓦
40×40木挂瓦条
15×40木顺水条
防水卷材
屋面板
桁架上弦（挑出）@600

镀锌铁皮檐沟

桁架下弦
吊顶通风

高脚桁架
防潮纸

①块瓦屋面檐口

防水卷材搭接

150

彩色水泥块瓦
40×40木挂瓦条
15×40木顺水条
防水卷材
屋面板
桁架

②块瓦屋面正脊

油毡瓦
防水卷材
屋面板
桁架上弦（挑出）@600

泛水板

镀锌铁皮檐沟

桁架下弦
吊顶通风

高脚桁架
防潮纸

③油毡瓦屋面檐口

镀锌钢板脊瓦

防水卷材搭接

150

油毡瓦
防水卷材
屋面板
桁架

④油毡瓦屋面正脊

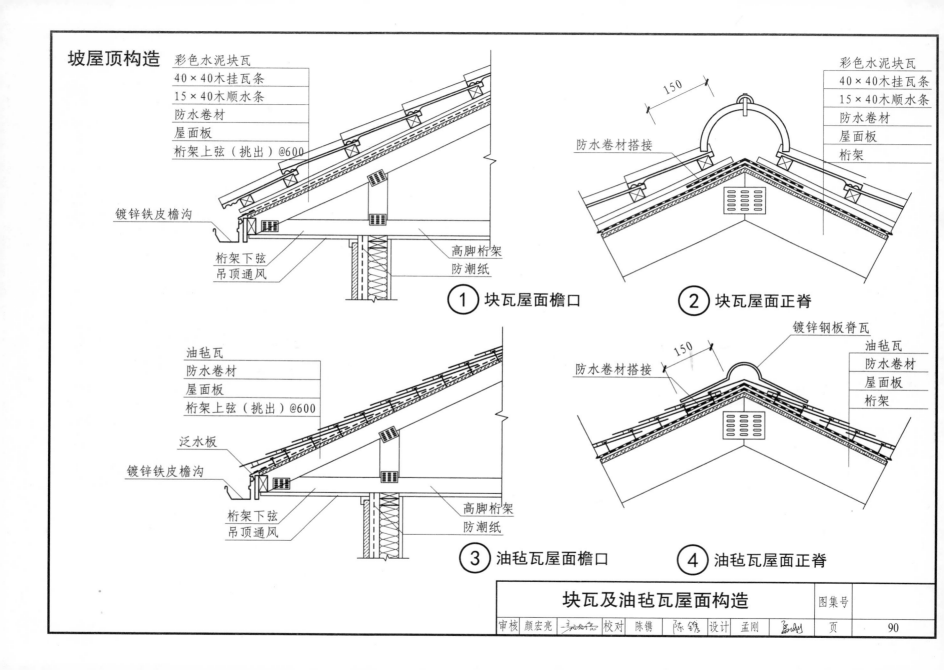

块瓦及油毡瓦屋面构造						图集号	
审核	颜宏亮	校对	陈镛	陈镛	设计	孟刚	页 90

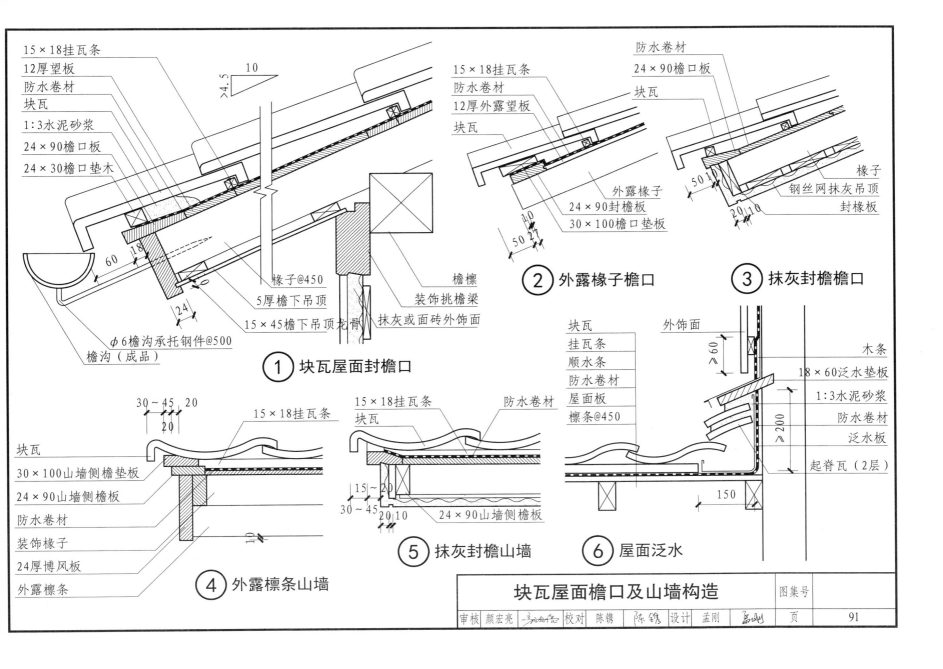

15×18挂瓦条
12厚望板
防水卷材
块瓦
1:3水泥砂浆
24×90檐口板
24×30檐口垫木

10

>4.5

60
18
24

φ6檐沟承托钢件@500
檐沟（成品）

椽子@450
5厚檐下吊顶
15×45檐下吊顶龙骨

檐檩
装饰挑檐梁
抹灰或面砖外饰面

① 块瓦屋面封檐口

防水卷材
24×90檐口板
块瓦

15×18挂瓦条
防水卷材
12厚外露望板
块瓦

10
50 27

外露椽子
24×90封檐板
30×100檐口垫板

② 外露椽子檐口

50 10
20 10

椽子
钢丝网抹灰吊顶
封椽板

③ 抹灰封檐檐口

30～45 20
20

15×18挂瓦条

块瓦
30×100山墙侧檐垫板
24×90山墙侧檐板
防水卷材
装饰椽子
24厚博风板
外露檩条

10

④ 外露檩条山墙

15×18挂瓦条
块瓦

防水卷材

15～20
30～45
20 10

24×90山墙侧檐板

⑤ 抹灰封檐山墙

块瓦
挂瓦条
顺水条
防水卷材
屋面板
檩条@450

外饰面

≥60

块瓦

木条
18×60泛水垫板
1:3水泥砂浆
防水卷材
泛水板
起脊瓦（2层）

≥200

150

⑥ 屋面泛水

块瓦屋面檐口及山墙构造

图集号

页 91

审核 颜宏亮　校对 陈镌　陈镌　设计 孟刚

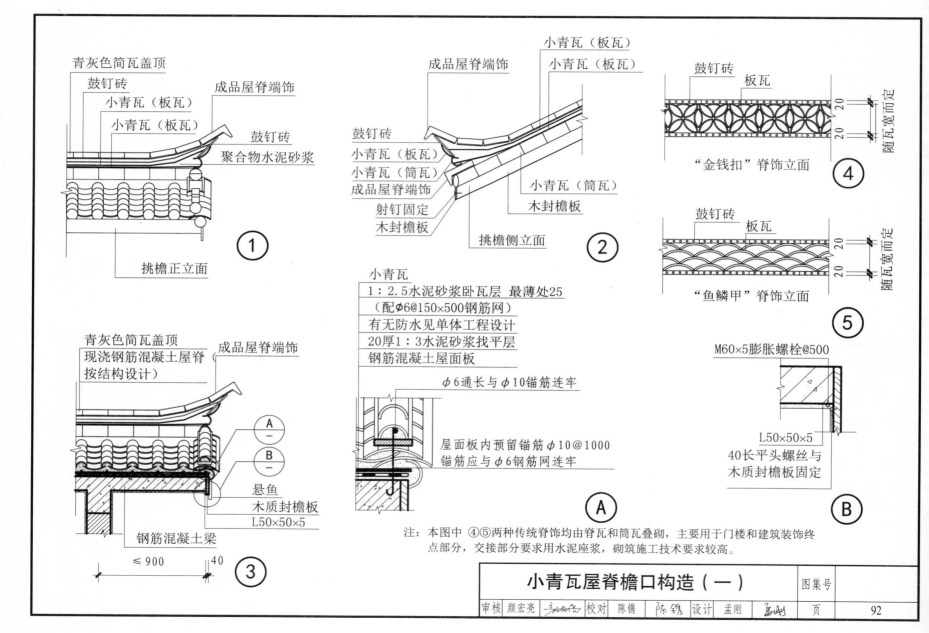

青灰色简瓦盖顶
鼓钉砖
小青瓦（板瓦）
小青瓦（板瓦）
成品屋脊端饰
鼓钉砖
聚合物水泥砂浆

挑檐正立面 ①

小青瓦（板瓦）
成品屋脊端饰
鼓钉砖
小青瓦（板瓦）
小青瓦（筒瓦）
成品屋脊端饰
射钉固定
木封檐板
小青瓦（筒瓦）
木封檐板
挑檐侧立面 ②

鼓钉砖
板瓦
20
20
随瓦宽而定
"金钱扣"脊饰立面 ④

鼓钉砖
板瓦
20
20
随瓦宽而定
"鱼鳞甲"脊饰立面 ⑤

青灰色简瓦盖顶
成品屋脊端饰
现浇钢筋混凝土屋脊（按结构设计）
A —
B —
悬鱼
木质封檐板
L50×50×5
钢筋混凝土梁
≤900 40 ③

小青瓦
1：2.5水泥砂浆卧瓦层 最薄处25
（配φ6@150×500钢筋网）
有无防水见单体工程设计
20厚1：3水泥砂浆找平层
钢筋混凝土屋面板
φ6通长与φ10锚筋连牢
屋面板内预留锚筋φ10@1000
锚筋应与φ6钢筋网连牢 Ⓐ

M60×5膨胀螺栓@500
L50×50×5
40长平头螺丝与
木质封檐板固定 Ⓑ

注：本图中④⑤两种传统脊饰均由脊瓦和筒瓦叠砌，主要用于门楼和建筑装饰终点部分，交接部分要求用水泥座浆，砌筑施工技术要求较高。

小青瓦屋脊檐口构造（一）

图集号

| 审核 | 颜宏亮 | | 校对 | 陈镌 | | 设计 | 孟刚 | | 页 | 92 |

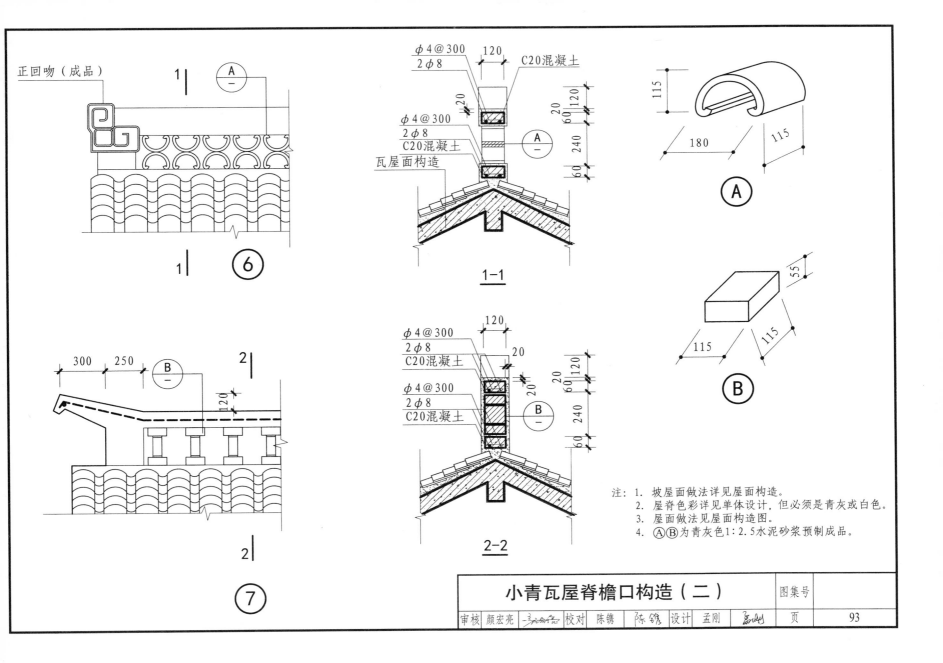

正回吻（成品）

1

A

6

1

300 250

B

120

2

2

φ4@300
2φ8
C20混凝土

120

20

20 60 120

φ4@300
2φ8
C20混凝土
瓦屋面构造

240

A

60

1-1

φ4@300
2φ8
C20混凝土

120

20

20

φ4@300
2φ8
C20混凝土

20 60 120

B

240

60

2-2

115

180

115

A

55

115

115

B

注：1. 坡屋面做法详见屋面构造。
2. 屋脊色彩详见单体设计，但必须是青灰或白色。
3. 屋面做法见屋面构造图。
4. ⒶⒷ为青灰色1：2.5水泥砂浆预制成品。

7

小青瓦屋脊檐口构造（二）

审核	颜宏亮		校对	陈镌	陈镌	设计	孟刚	

图集号

页 93

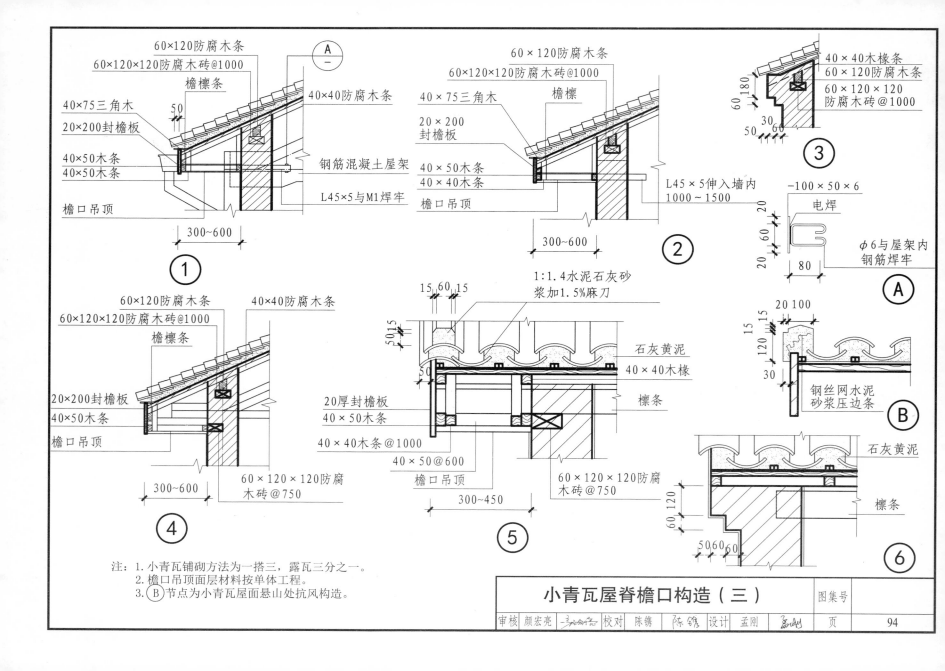

60×120防腐木条
60×120×120防腐木砖@1000
檐檩条
40×75三角木
20×200封檐板
50
40×40防腐木条
40×50木条
40×50木条
钢筋混凝土屋架
檐口吊顶
L45×5与M1焊牢
300~600
①

60×120防腐木条
60×120×120防腐木砖@1000
40×75三角木
檐檩
20×200封檐板
40×50木条
40×40木条
檐口吊顶
L45×5伸入墙内
1000~1500
300~600
②

40×40木椽条
60×120防腐木条
60×120×120防腐木砖@1000
60 180
30 60
50 60
③

-100×50×6
电焊
φ6与屋架内钢筋焊牢
20 60 20
80
Ⓐ

60×120防腐木条
40×40防腐木条
60×120×120防腐木砖@1000
檐檩条
20×200封檐板
40×50木条
檐口吊顶
60×120×120防腐木砖@750
300~600
④

15 60 15
1:1.4水泥石灰砂浆加1.5%麻刀
50 15
石灰黄泥
40×40木椽
檩条
20厚封檐板
40×50木条
40×40木条@1000
40×50@600
檐口吊顶
60×120×120防腐木砖@750
300~450
⑤

20 100
15 15
120 30
石灰黄泥
钢丝网水泥砂浆压边条
Ⓑ

石灰黄泥
檩条
60 120
50 60 60
⑥

注：1.小青瓦铺砌方法为一搭三，露瓦三分之一。
    2.檐口吊顶面层材料按单体工程。
    3.Ⓑ节点为小青瓦屋面悬山处抗风构造。

小青瓦屋脊檐口构造（三）

| 审核 | 颜宏亮 | 三面面积 | 校对 | 陈镶 | 陈镶 | 设计 | 孟刚 | | 页 | 94 |

图集号

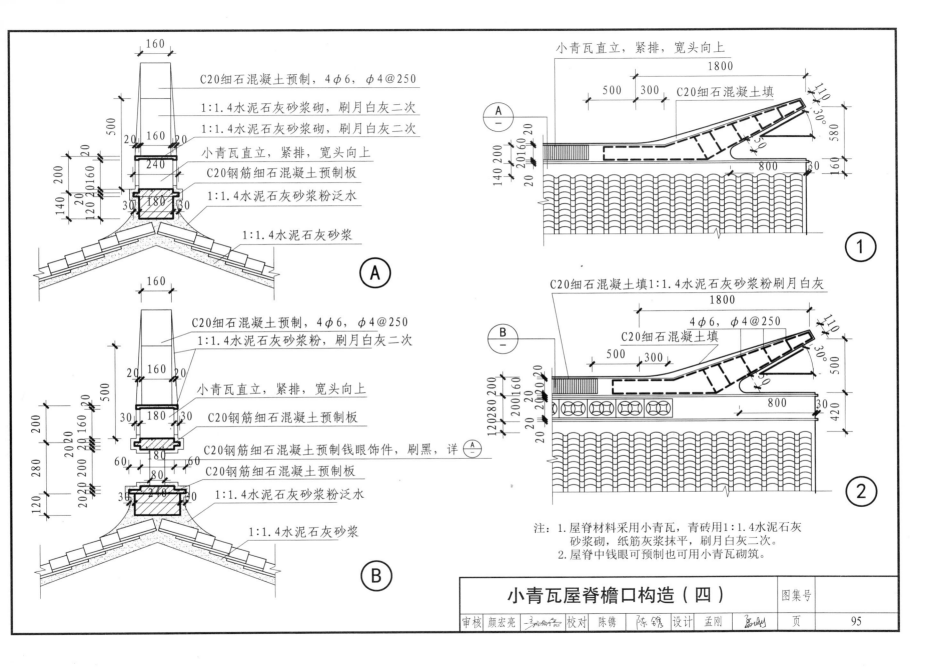

C20细石混凝土预制，4ϕ6，ϕ4@250

1:1.4水泥石灰砂浆砌，刷月白灰二次

1:1.4水泥石灰砂浆砌，刷月白灰二次

小青瓦直立，紧排，宽头向上

C20钢筋细石混凝土预制板

1:1.4水泥石灰砂浆粉泛水

1:1.4水泥石灰砂浆

（A）

小青瓦直立，紧排，宽头向上

C20细石混凝土填

（1/A）

（1）

C20细石混凝土预制，4ϕ6，ϕ4@250

1:1.4水泥石灰砂浆粉，刷月白灰二次

小青瓦直立，紧排，宽头向上

C20钢筋细石混凝土预制板

C20钢筋细石混凝土预制钱眼饰件，刷黑，详（A/—）

C20钢筋细石混凝土预制板

1:1.4水泥石灰砂浆粉泛水

1:1.4水泥石灰砂浆

（B）

C20细石混凝土填1:1.4水泥石灰砂浆粉刷月白灰

4ϕ6，ϕ4@250

C20细石混凝土填

（B/—）

（2）

注：1. 屋脊材料采用小青瓦，青砖用1:1.4水泥石灰
砂浆砌，纸筋灰浆抹平，刷月白灰二次。
2. 屋脊中钱眼可预制也可用小青瓦砌筑。

小青瓦屋脊檐口构造（四）

| 审核 | 颜宏亮 | | 校对 | 陈镌 | 陈镌 | 设计 | 孟刚 | | 页 | 95 |

图集号

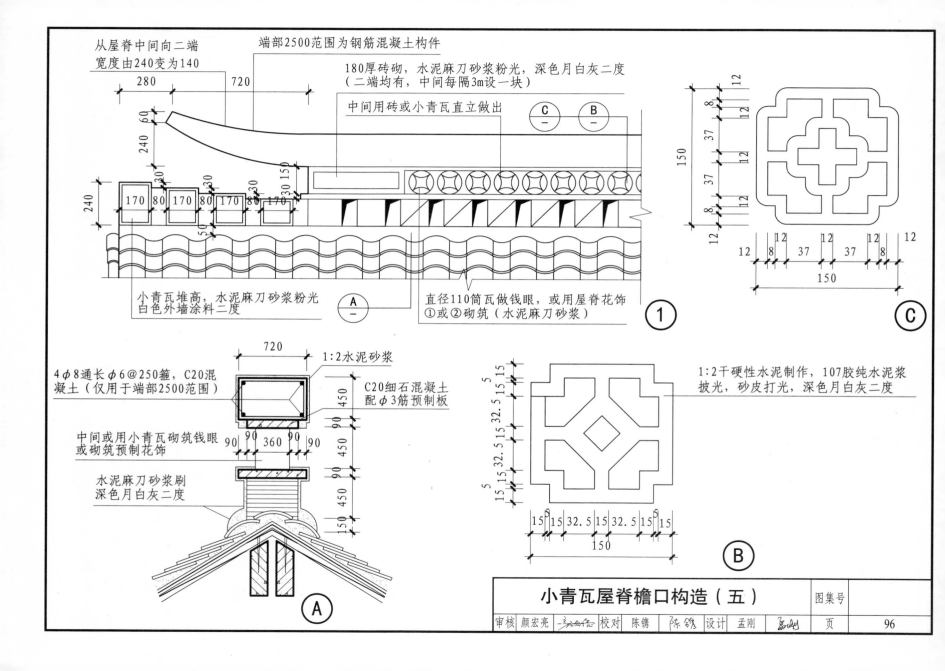

从屋脊中间向二端
宽度由240变为140

端部2500范围为钢筋混凝土构件

180厚砖砌，水泥麻刀砂浆粉光，深色月白灰二度
（二端均有，中间每隔3m设一块）

中间用砖或小青瓦直立做出

小青瓦堆高，水泥麻刀砂浆粉光
白色外墙涂料二度

直径110筒瓦做钱眼，或用屋脊花饰
①或②砌筑（水泥麻刀砂浆）

1:2水泥砂浆

4φ8通长φ6@250箍，C20混
凝土（仅用于端部2500范围）

C20细石混凝土
配φ3筋预制板

中间或用小青瓦砌筑钱眼
或砌筑预制花饰

水泥麻刀砂浆刷
深色月白灰二度

1:2干硬性水泥制作，107胶纯水泥浆
披光，砂皮打光，深色月白灰二度

小青瓦屋脊檐口构造（五）

图集号

审核 颜宏亮　　　　校对 陈镌　陈镌　设计 孟刚　　　　页 96

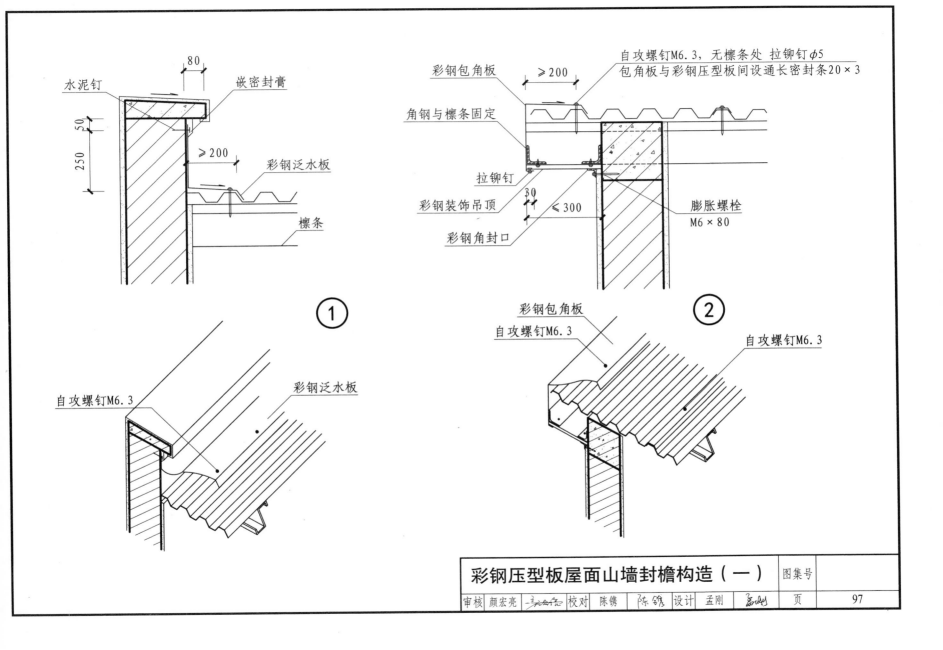

水泥钉

嵌密封膏

80

50

250

≥200

彩钢泛水板

檩条

①

自攻螺钉M6.3

彩钢泛水板

自攻螺钉M6.3，无檩条处 拉铆钉φ5
包角板与彩钢压型板间设通长密封条20×3

彩钢包角板

≥200

角钢与檩条固定

拉铆钉

彩钢装饰吊顶

彩钢角封口

30

≤300

膨胀螺栓
M6×80

②

彩钢包角板

自攻螺钉M6.3

自攻螺钉M6.3

彩钢压型板屋面山墙封檐构造（一）

图集号	
审核	颜宏亮		校对	陈镌	陈镌	设计	孟刚		页
									97

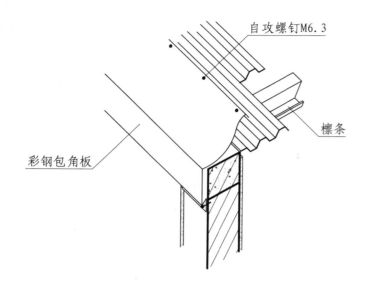

自攻螺钉M6.3

彩钢包角板

檩条

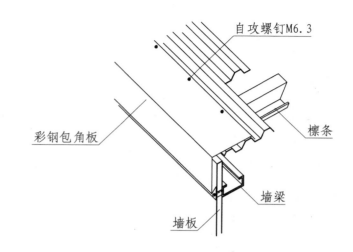

自攻螺钉M6.3

彩钢包角板

檩条

墙梁

墙板

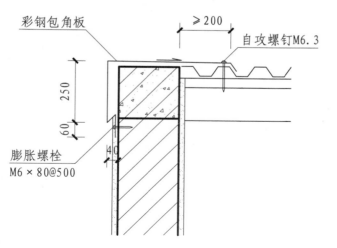

彩钢包角板

≥200

自攻螺钉M6.3

250

60

40

膨胀螺栓
M6×80@500

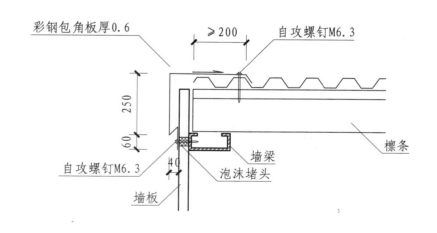

彩钢包角板厚0.6

≥200

自攻螺钉M6.3

250

60

40

自攻螺钉M6.3

墙梁

泡沫堵头

墙板

檩条

彩钢压型板屋面山墙封檐构造（二）

图集号

审核 颜宏亮　校对 陈镌　陈镌　设计 孟刚　　页　98

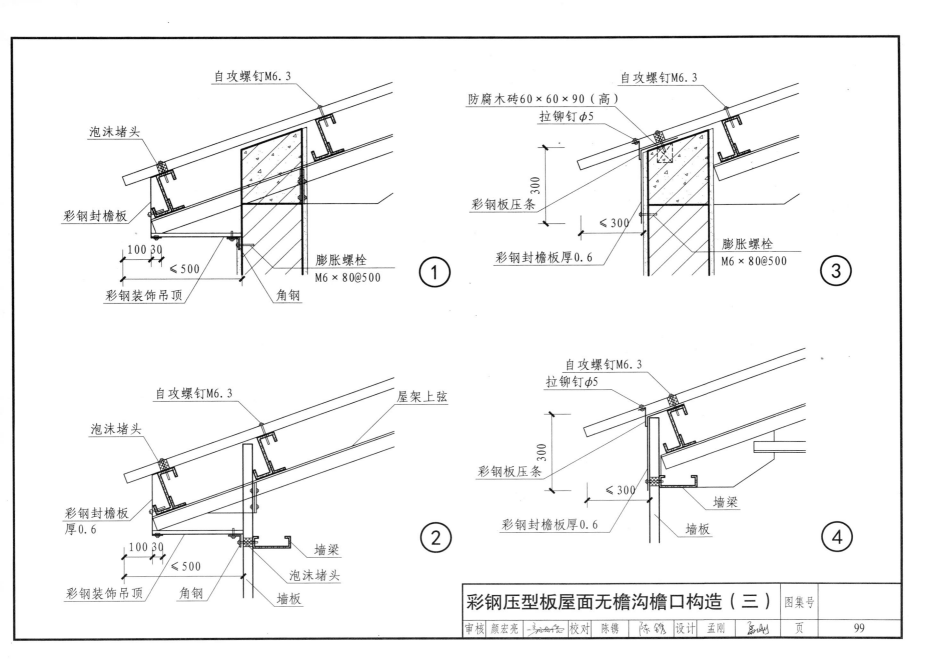

自攻螺钉M6.3

泡沫堵头

彩钢封檐板

100 30

≤500

彩钢装饰吊顶

膨胀螺栓
M6×80@500

角钢

①

自攻螺钉M6.3

防腐木砖60×60×90（高）

拉铆钉φ5

彩钢板压条

彩钢封檐板厚0.6

300

≤300

膨胀螺栓
M6×80@500

③

自攻螺钉M6.3

屋架上弦

泡沫堵头

彩钢封檐板
厚0.6

100 30

≤500

彩钢装饰吊顶

角钢

墙梁

泡沫堵头

墙板

②

自攻螺钉M6.3

拉铆钉φ5

彩钢板压条

300

≤300

彩钢封檐板厚0.6

墙梁

墙板

④

彩钢压型板屋面无檐沟檐口构造（三）

图集号

审核 颜宏亮 校对 陈镛 陈镛 设计 孟刚

页 99

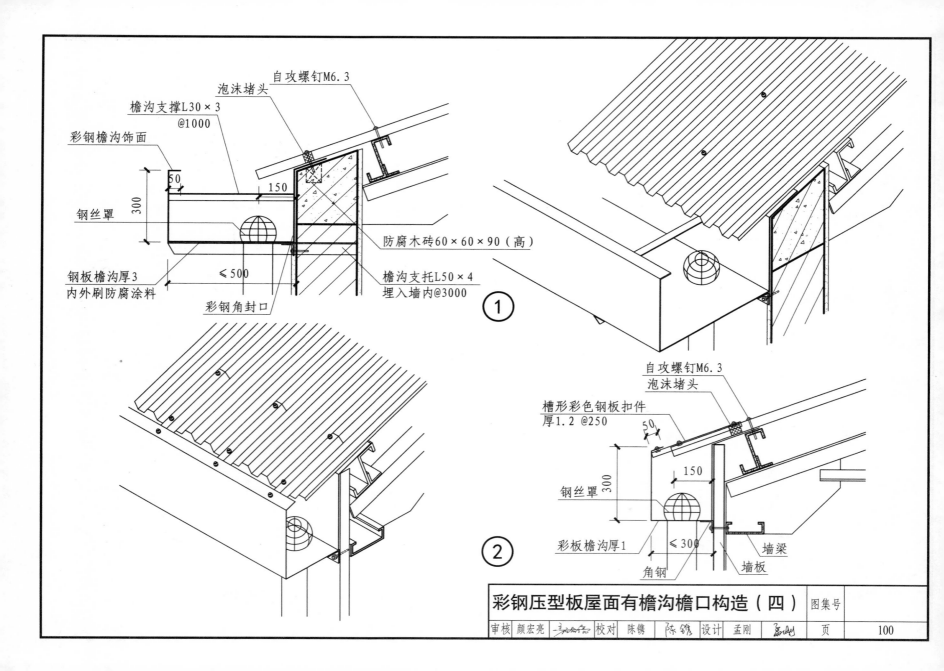

自攻螺钉M6.3

泡沫堵头

檐沟支撑L30×3
@1000

彩钢檐沟饰面

钢丝罩

钢板檐沟厚3
内外刷防腐涂料

50

300

150

防腐木砖60×60×90（高）

≤500

彩钢角封口

檐沟支托L50×4
埋入墙内@3000

①

②

自攻螺钉M6.3

泡沫堵头

槽形彩色钢板扣件
厚1.2 @250

钢丝罩

50

300

150

彩板檐沟厚1

≤300

墙梁

角钢

墙板

彩钢压型板屋面有檐沟檐口构造（四）

图集号

审核 颜宏亮　校对 陈镛　陈镛　设计 孟刚

页

100

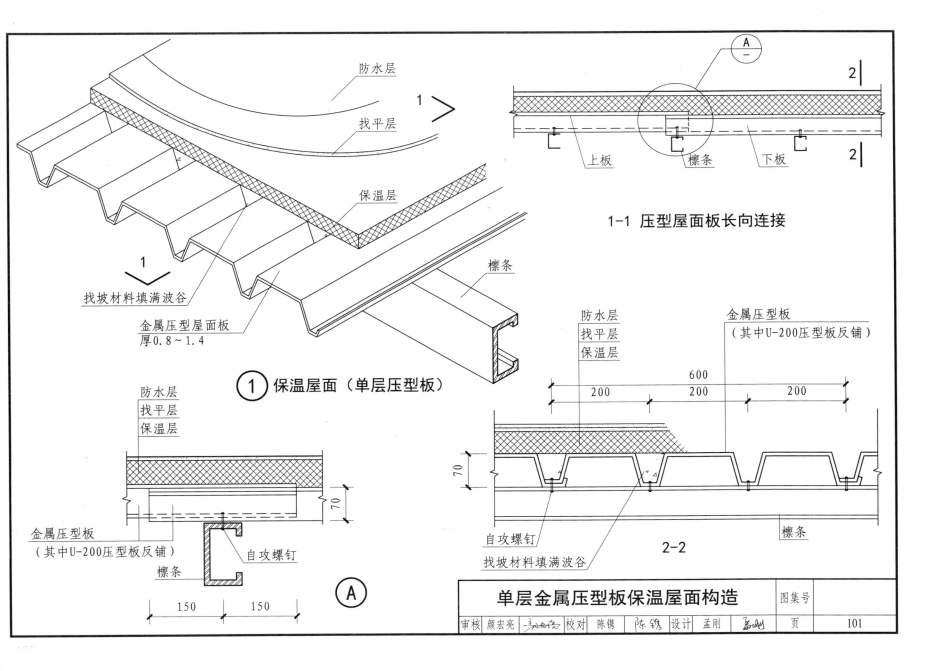

防水层

找平层

保温层

1

1

找坡材料填满波谷

金属压型屋面板
厚0.8～1.4

① 保温屋面（单层压型板）

防水层
找平层
保温层

檩条

金属压型板
（其中U-200压型板反铺）

自攻螺钉

檩条

150 150

Ⓐ

1-1 压型屋面板长向连接

上板 檩条 下板

A
—

2

2

防水层
找平层
保温层

金属压型板
（其中U-200压型板反铺）

600
200 200 200

70

自攻螺钉
找坡材料填满波谷

2-2

檩条

单层金属压型板保温屋面构造	图集号	
审核 颜宏亮 〔签名〕 校对 陈镶 〔陈镶〕 设计 孟刚 〔签名〕	页	101

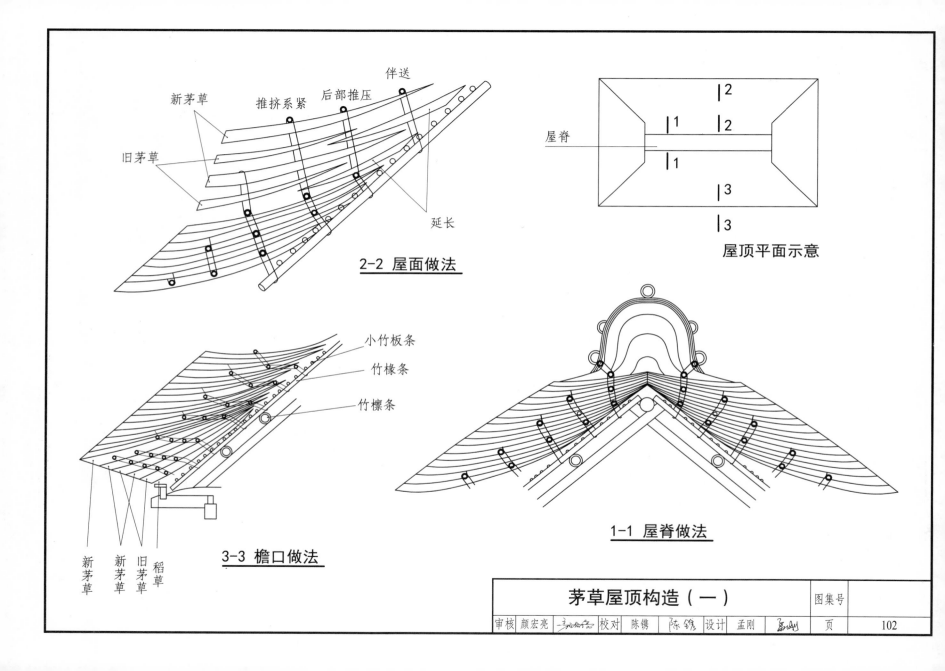

新茅草　推挤系紧　后部推压　伴送

旧茅草

延长

2-2 屋面做法

屋脊

屋顶平面示意

小竹板条

竹椽条

竹檩条

新茅草　新茅草　旧茅草　稻草

3-3 檐口做法

1-1 屋脊做法

茅草屋顶构造（一）

图集号	
审核 颜宏亮　　校对 陈镌　陈镌　设计 孟刚	页 102

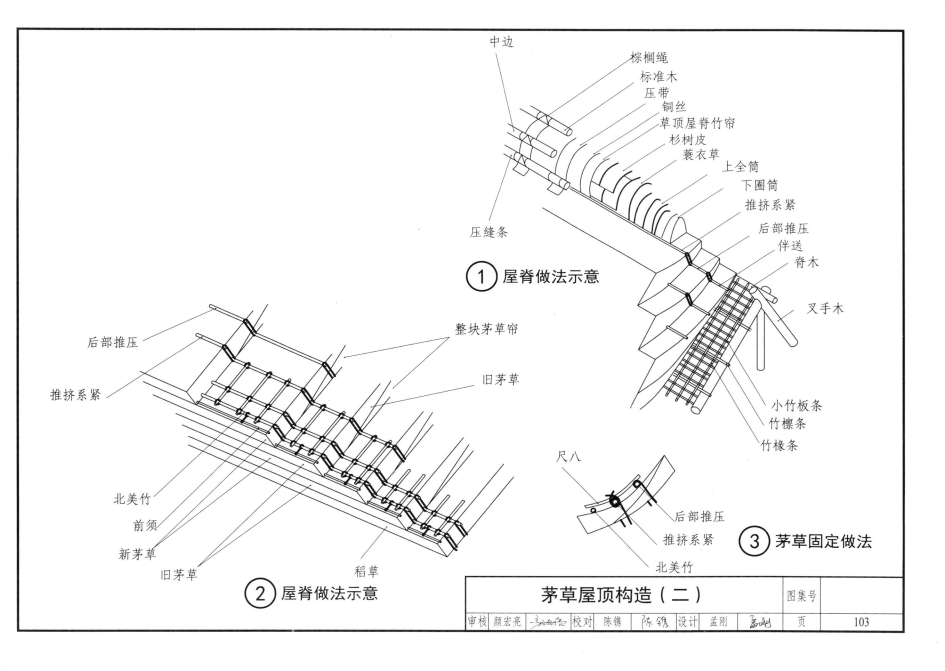

① 屋脊做法示意

中边
棕榈绳
标准木
压带
铜丝
草顶屋脊竹帘
杉树皮
蓑衣草
上全筒
下圈筒
推挤系紧
后部推压
伴送
脊木
叉手木
压缝条
小竹板条
竹檩条
竹椽条

② 屋脊做法示意

后部推压
推挤系紧
北美竹
前须
新茅草
旧茅草
稻草
整块茅草帘
旧茅草

③ 茅草固定做法

尺八
后部推压
推挤系紧
北美竹

茅草屋顶构造（二）

| 审核 | 颜宏亮 | | 校对 | 陈镌 | 陈镌 | 设计 | 孟刚 | | 图集号 | |
| | | | | | | | | | 页 | 103 |

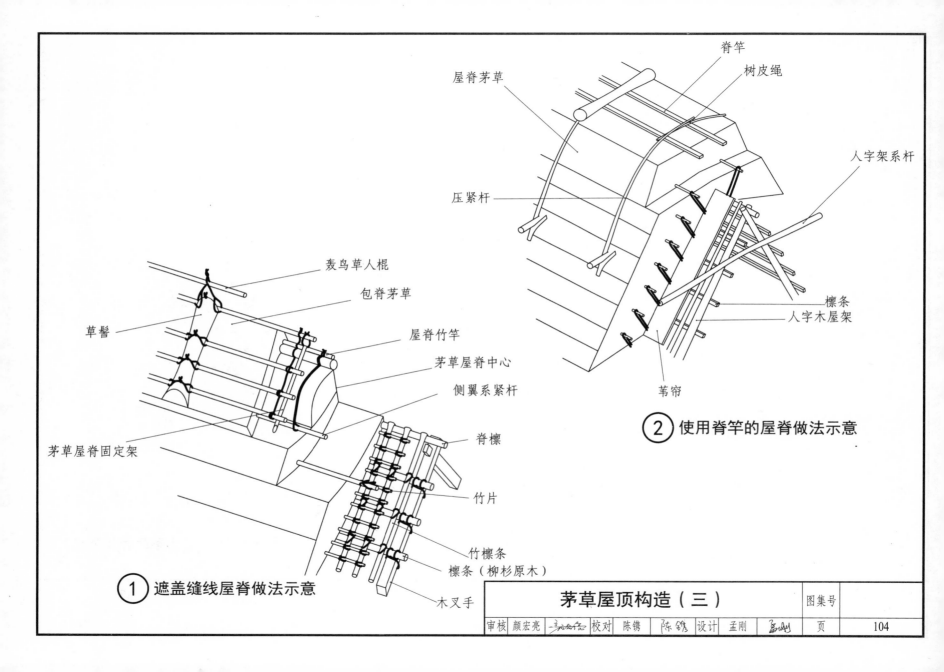

脊竿

树皮绳

屋脊茅草

人字架系杆

压紧杆

檩条

人字木屋架

苇帘

② 使用脊竿的屋脊做法示意

轰鸟草人棍

包脊茅草

草髻

屋脊竹竿

茅草屋脊中心

侧翼系紧杆

茅草屋脊固定架

脊檩

竹片

竹檩条

檩条（柳杉原木）

① 遮盖缝线屋脊做法示意

木叉手

茅草屋顶构造（三）

图集号	
审核 颜宏亮	校对 陈镌	陈镌	设计 孟刚		页	104

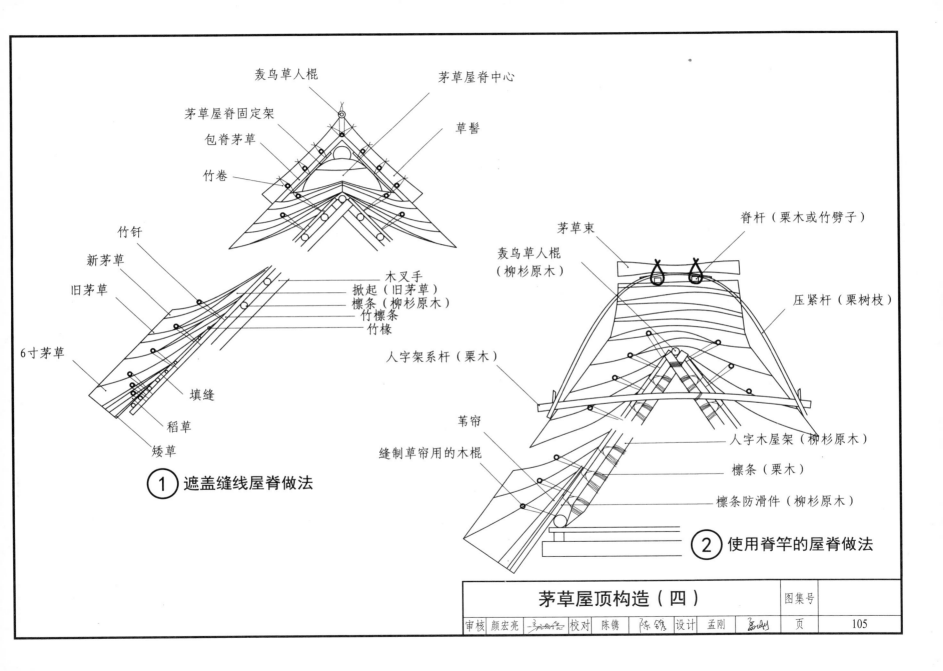

轰鸟草人棍

茅草屋脊中心

茅草屋脊固定架

包脊茅草

草髻

竹卷

竹针

新茅草

旧茅草

木叉手

掀起（旧茅草）

檩条（柳杉原木）

竹檩条

竹椽

6寸茅草

填缝

稻草

矮草

茅草束

脊杆（栗木或竹劈子）

轰鸟草人棍
（柳杉原木）

压紧杆（栗树枝）

人字架系杆（栗木）

苇帘

人字木屋架（柳杉原木）

缝制草帘用的木棍

檩条（栗木）

檩条防滑件（柳杉原木）

① 遮盖缝线屋脊做法

② 使用脊竿的屋脊做法

茅草屋顶构造（四）

	图集号	
审核 颜宏亮	校对 陈镌 陈镌	设计 孟刚
	页	105

门窗

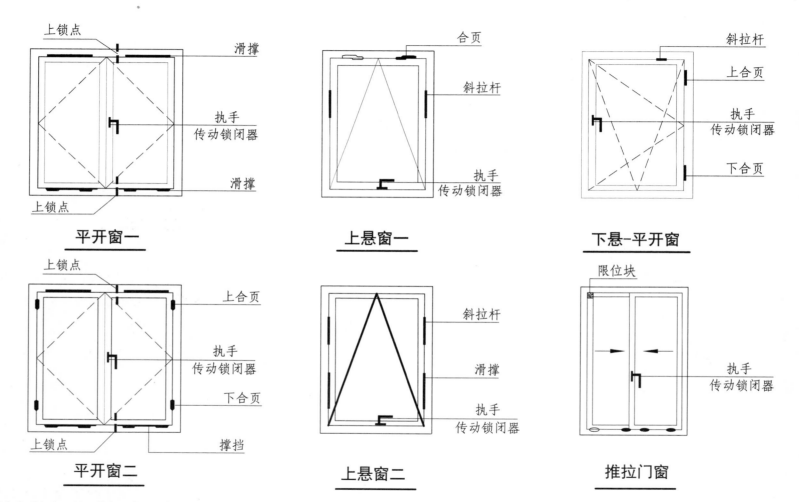

平开窗一

上锁点 · 滑撑 · 执手传动锁闭器 · 滑撑 · 上锁点

上悬窗一

合页 · 斜拉杆 · 执手传动锁闭器

下悬-平开窗

斜拉杆 · 上合页 · 执手传动锁闭器 · 下合页

平开窗二

上锁点 · 上合页 · 执手传动锁闭器 · 下合页 · 上锁点 · 撑挡

上悬窗二

斜拉杆 · 滑撑 · 执手传动锁闭器

推拉门窗

限位块 · 执手传动锁闭器

注：以上窗型仅为示例，是表示常用五金附件安装位置的示意，窗可内开、
外开（推拉除外），开启方向以设计为准。本页五金附件安装位置以内
立面表示。

窗用五金附件安装位置示意图	图集号	
审核 颜宏亮　校对 陈镌 陈镌　设计 孟刚	页	106

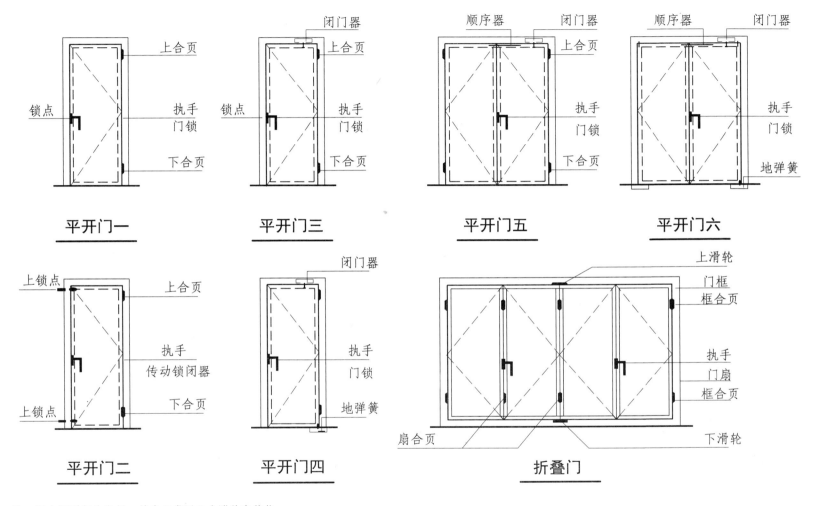

平开门一

平开门二

平开门三

平开门四

平开门五

平开门六

折叠门

注：以上门型仅为示例，是表示常用五金附件安装位
　　置的示意，门可内开、外开，开启方向以设计为准。
　　本页五金附件安装位置以内立面表示。

<table>
<tr><td colspan="6" align="center">**门常用五金附件安装位置示意图**</td><td align="center">图集号</td></tr>
<tr><td>审核</td><td>颜宏亮</td><td colspan="2">校对</td><td>陈镌</td><td>设计 孟刚</td><td rowspan="1">页</td></tr>
</table>

107

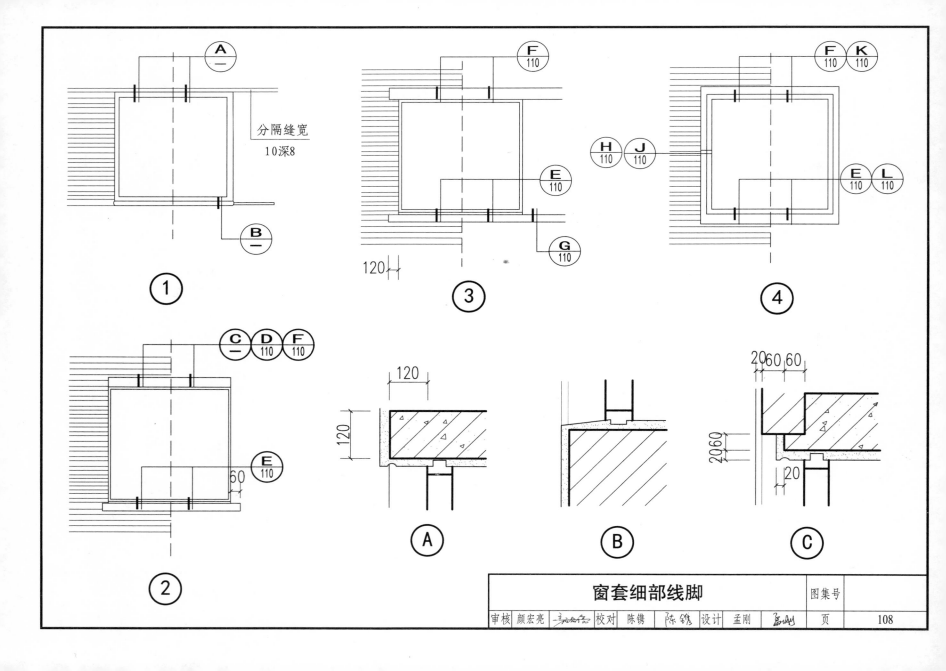

分隔缝宽
10深8

①

②

③

④

Ⓐ

Ⓑ

Ⓒ

窗套细部线脚

审核 颜宏亮 校对 陈镳 陈镳 设计 孟刚 页 108 图集号

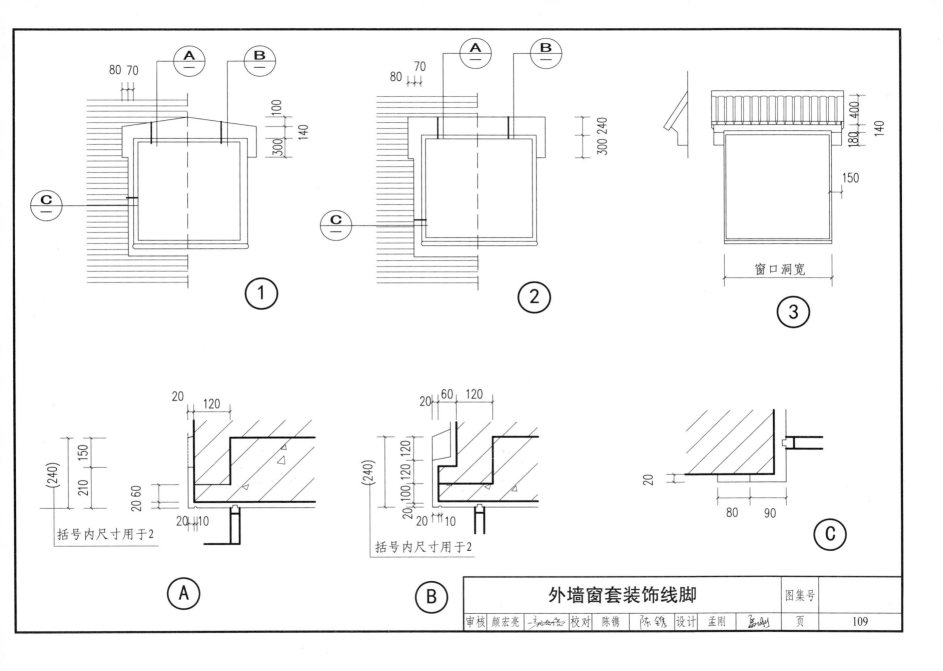

外墙窗套装饰线脚

图集号

审核 颜宏亮　　　校对 陈镌　陈镌　设计 孟刚　　　页 109

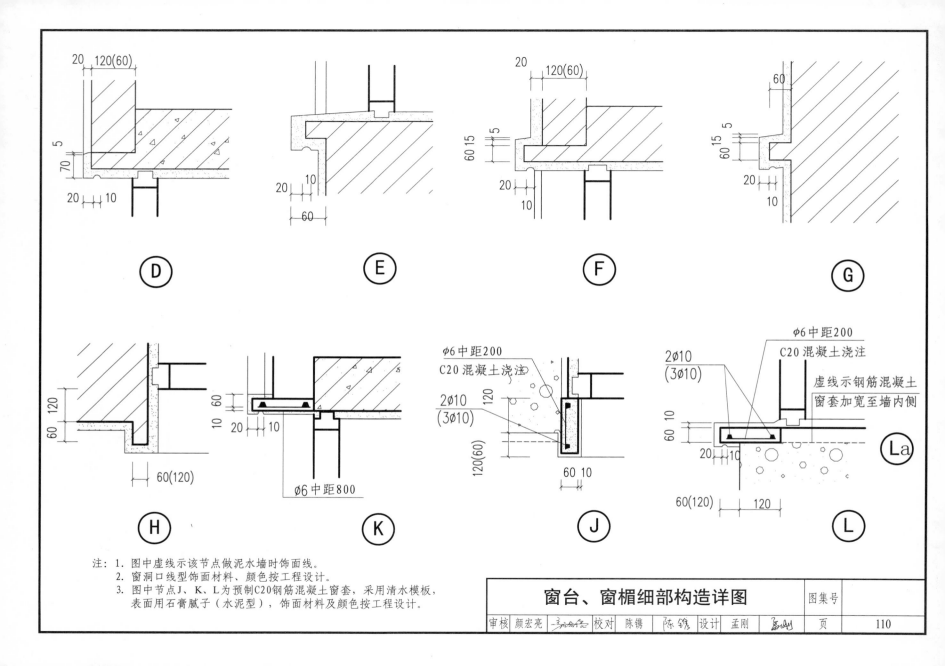

注：1. 图中虚线示该节点做泥水墙时饰面线。
  2. 窗洞口线型饰面材料、颜色按工程设计。
  3. 图中节点J、K、L为预制C20钢筋混凝土窗套，采用清水模板，
     表面用石膏腻子（水泥型），饰面材料及颜色按工程设计。

窗台、窗楣细部构造详图

| 审核 | 颜宏亮 | | 校对 | 陈镛 | 陈镛 | 设计 | 孟刚 | |

图集号

页 110

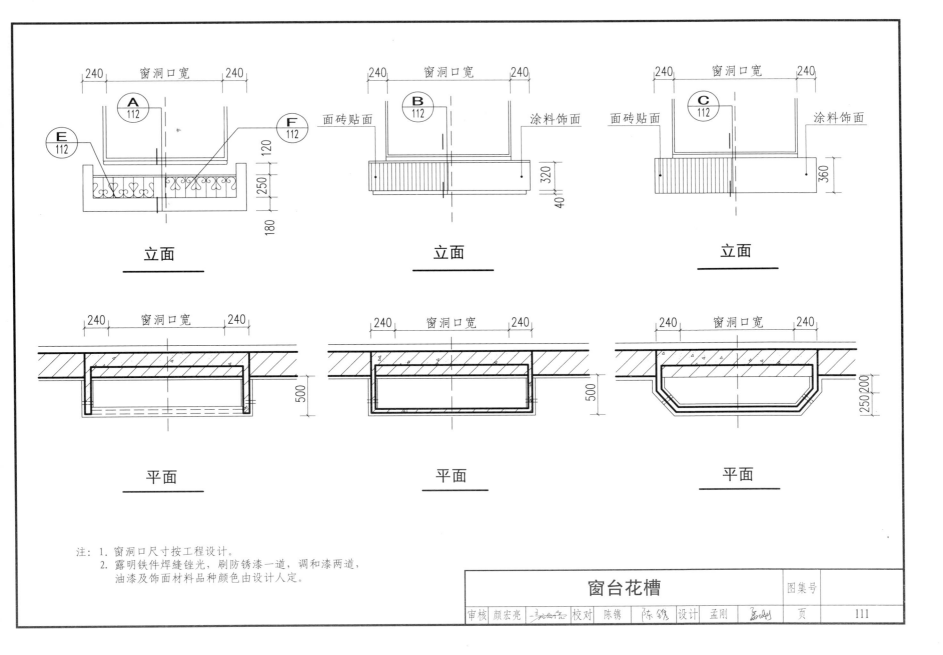

立面

立面

立面

平面

平面

平面

面砖贴面　　　　　涂料饰面

面砖贴面　　　　　涂料饰面

注：1. 窗洞口尺寸按工程设计。
　　2. 露明铁件焊缝锉光，刷防锈漆一道，调和漆两道，
　　　　油漆及饰面材料品种颜色由设计人定。

窗台花槽

审核	颜宏亮	校对	陈镌	设计	孟刚		图集号	
			陈镌		孟刚		页	111

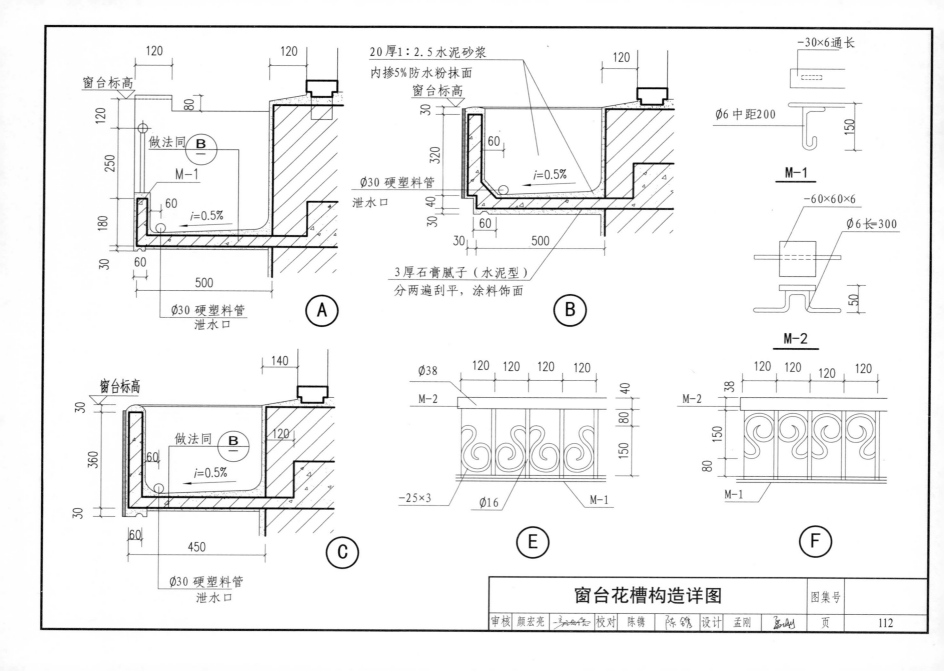

窗台标高

120

80

120

250

做法同 B
—

M-1

60

180

i=0.5%

30

60

500

Ø30 硬塑料管
泄水口

A

20厚1：2.5水泥砂浆
内掺5%防水粉抹面

窗台标高

30

60

320

i=0.5%

40

30

Ø30 硬塑料管
泄水口

60

30

500

3厚石膏腻子（水泥型）
分两遍刮平，涂料饰面

B

120

窗台标高

140

30

做法同 B
—

120

360

60

i=0.5%

30

60

450

Ø30 硬塑料管
泄水口

C

−30×6通长

Ø6 中距200

150

M-1

−60×60×6

Ø6 长=300

50

M-2

Ø38

120 120 120 120

M-2

40

80

150

−25×3

Ø16

M-1

E

---

120 120 120 120

38

M-2

150

80

M-1

F

窗台花槽构造详图

图集号

审核 颜宏亮 ～ 校对 陈镌 陈镌 设计 孟刚

页

112

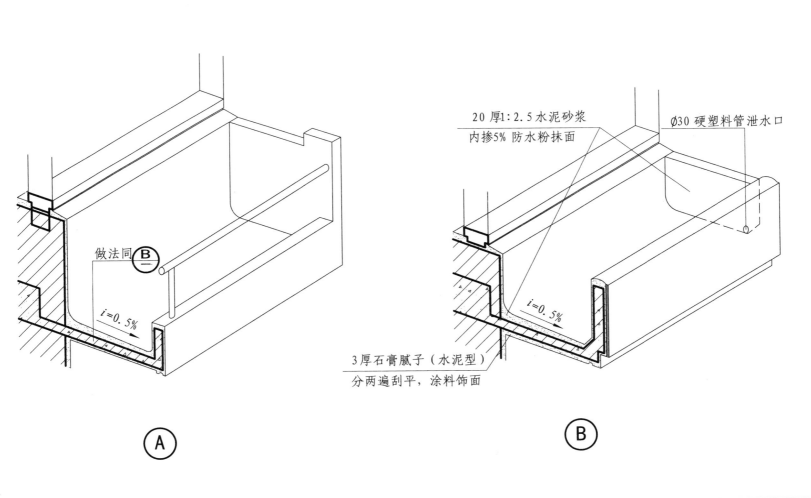

20 厚1：2.5 水泥砂浆
内掺5% 防水粉抹面

Ø30 硬塑料管泄水口

做法同 Ⓑ

$i=0.5\%$

3 厚石膏腻子（水泥型）
分两遍刮平，涂料饰面

$i=0.5\%$

Ⓐ

Ⓑ

窗台花槽轴测图		图集号	
审核 颜宏亮	校对 陈镌 陈镌 设计 孟刚	页	113

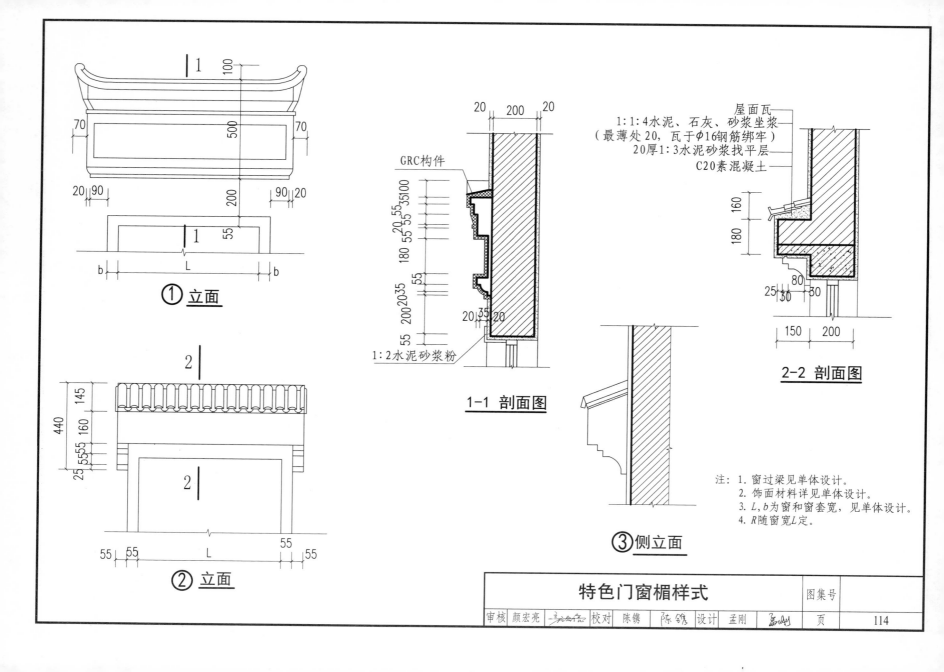

① 立面

② 立面

100
500
70 70
200
20 90 90 20
55
b L b

440
145
160
55 55
55
25
55 55 L 55 55

1-1 剖面图

20 200 20
GRC构件
180 55 55 35 55 35 100
200 20 35
55
55
20 35 20
1:2水泥砂浆粉

2-2 剖面图

屋面瓦
1:1:4水泥、石灰、砂浆坐浆
（最薄处20，瓦于φ16钢筋绑牢）
20厚1:3水泥砂浆找平层
C20素混凝土

160
180
80
25 30 30
150 200

③ 侧立面

注：1. 窗过梁见单体设计。
2. 饰面材料详见单体设计。
3. L,b为窗和窗套宽，见单体设计。
4. R随窗宽L定。

特色门窗楣样式

审核 颜宏亮 　校对 陈镌 陈镌 设计 孟刚

图集号

页 114

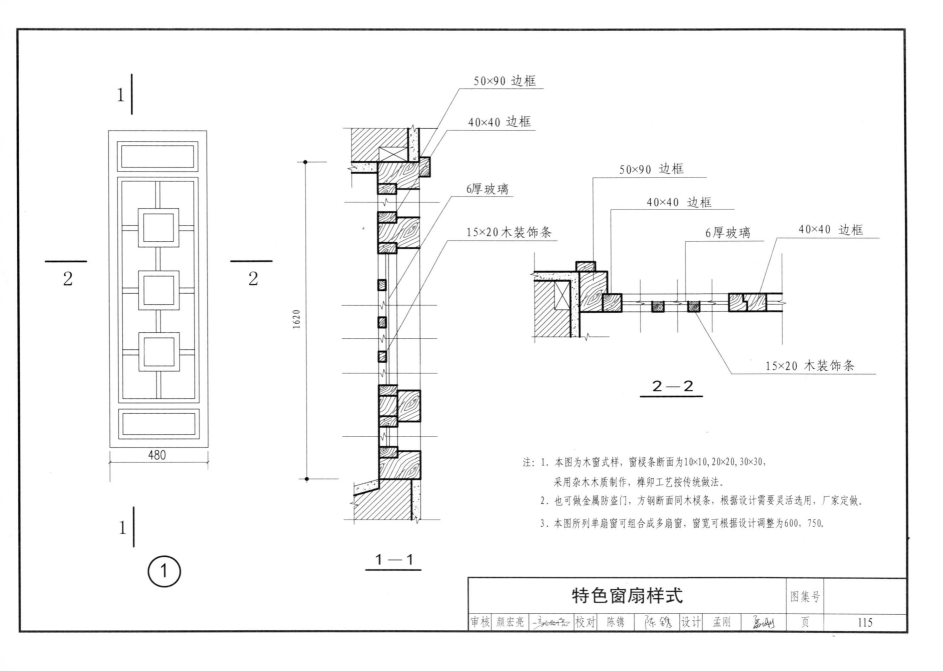

50×90 边框

40×40 边框

6厚玻璃

15×20 木装饰条

50×90 边框

40×40 边框

6厚玻璃

40×40 边框

15×20 木装饰条

2—2

480

1620

1—1

注：1. 本图为木窗式样，窗棂条断面为10×10, 20×20, 30×30,
      采用杂木木质制作，榫卯工艺按传统做法。

　　2. 也可做金属防盗门，方钢断面同木棂条，根据设计需要灵活选用，厂家定做。

　　3. 本图所列单扇窗可组合成多扇窗，窗宽可根据设计调整为600, 750。

特色窗扇样式

图集号	
审核 颜宏亮 　　　 校对 陈镌 　陈镌　 设计 孟刚	页 115

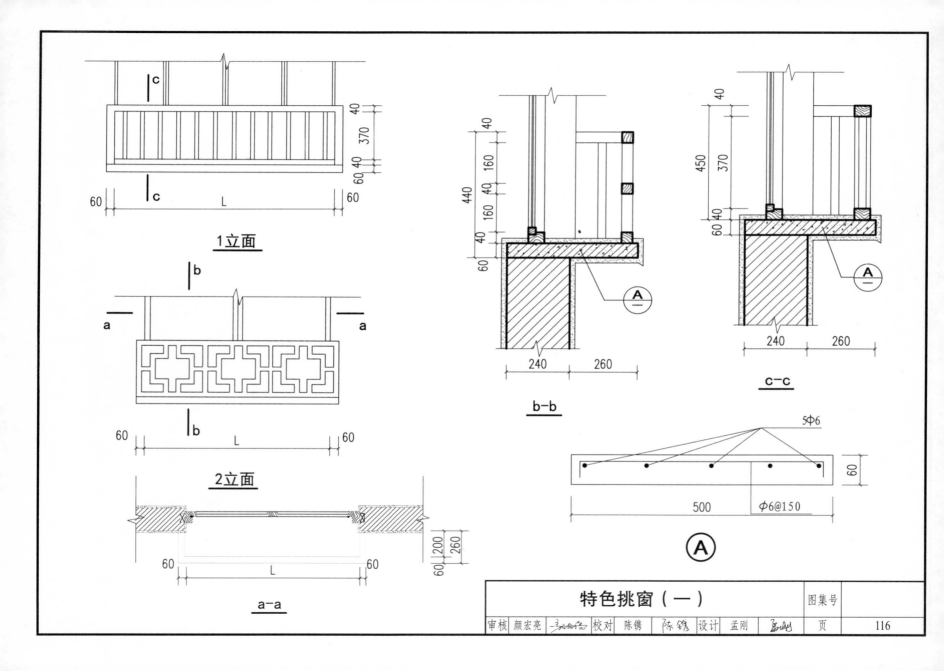

1立面

2立面

a—a

b—b

c—c

Ⓐ

5Φ6

500

Φ6@150

60

特色挑窗（一）

审核	颜宏亮		校对	陈镌	陈镌	设计	孟刚		图集号	
									页	116

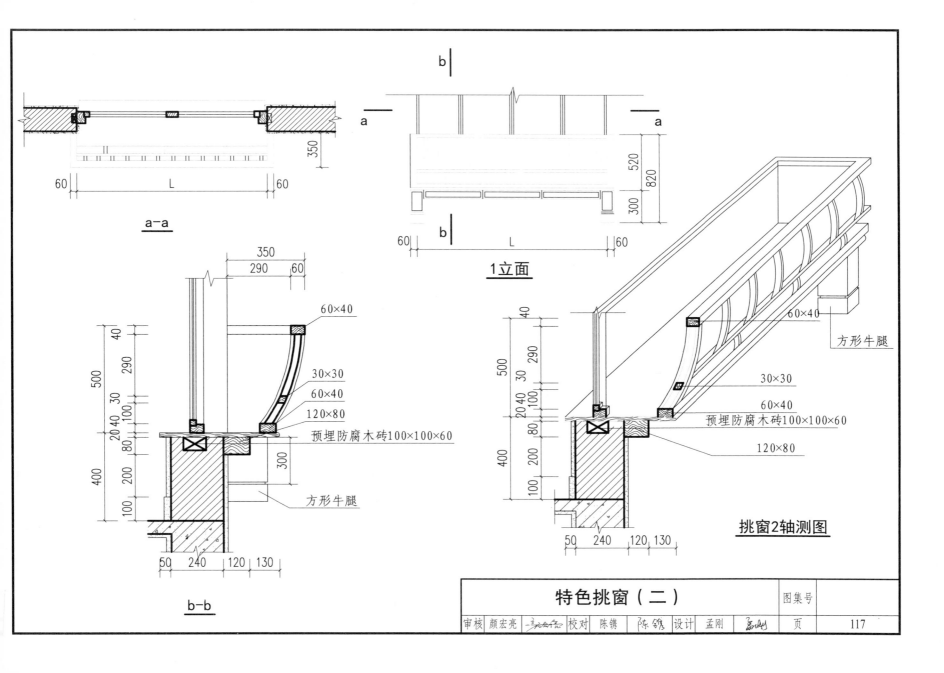

a−a

b−b

b

a

a

b

350

520

820

300

60

L

60

1立面

60

L

60

350

60

60×40

30×30

60×40

120×80

预埋防腐木砖100×100×60

方形牛腿

40

290

500

20 40 30

100

80

200

400

100

300

b−b

40

290

500

20 40

100

80

200

400

100

60×40

方形牛腿

30×30

60×40

预埋防腐木砖100×100×60

120×80

挑窗2轴测图

50 240 120 130

50 240 120 130

特色挑窗（二）

图集号

审核 颜宏亮　　　　校对 陈镳　陈镳　设计 孟刚　　　页 117

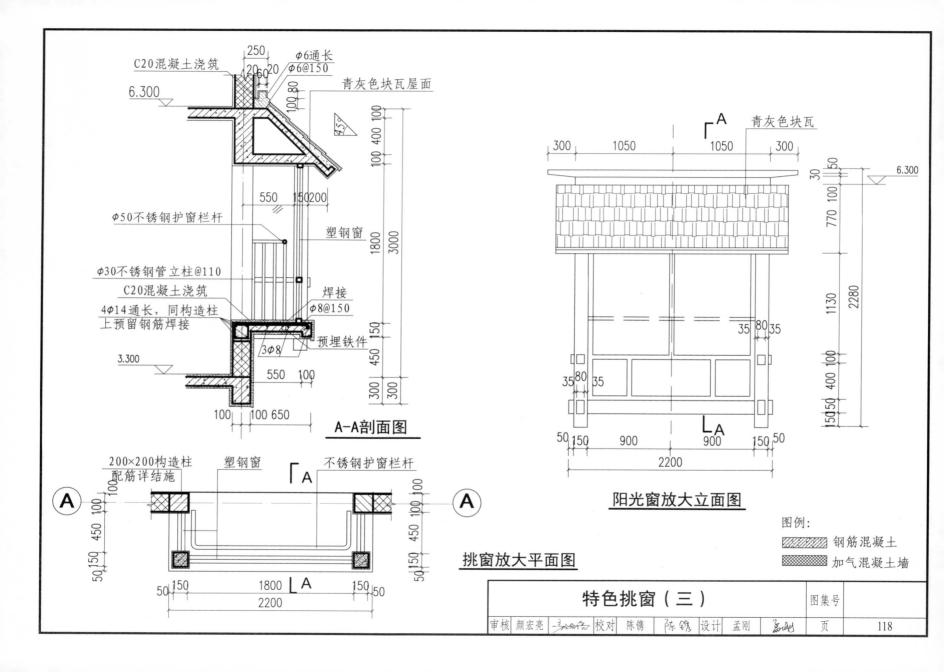

C20混凝土浇筑

φ6通长
φ6@150

青灰色块瓦屋面

6.300

45°

φ50不锈钢护窗栏杆

塑钢窗

φ30不锈钢管立柱@110

C20混凝土浇筑

4φ14通长，同构造柱
上预留钢筋焊接

焊接
φ8@150

预埋铁件

3φ8

3.300

A-A剖面图

青灰色块瓦

阳光窗放大立面图

200×200构造柱
配筋详结施

塑钢窗

不锈钢护窗栏杆

挑窗放大平面图

图例：

钢筋混凝土

加气混凝土墙

特色挑窗（三）

图集号

审核 颜宏亮　校对 陈镌　设计 孟刚

页 118

建筑构配件设计与构造技术
（轻质）隔墙构造

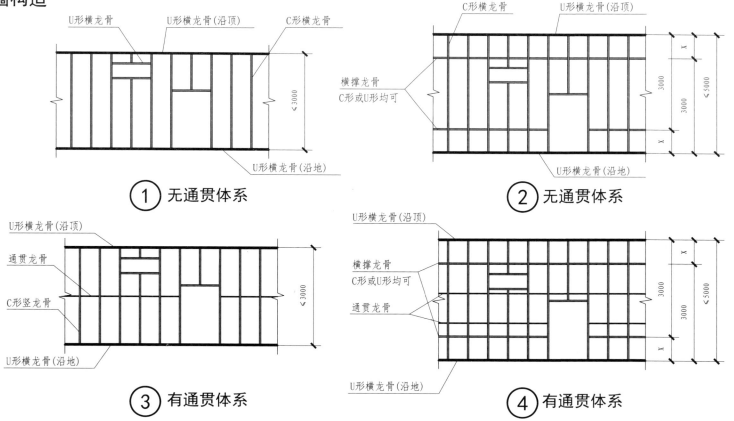

① 无通贯体系

② 无通贯体系

③ 有通贯体系

④ 有通贯体系

注：1.隔墙以3000长石膏板为例，如选用2400石膏板，横撑龙骨应加装在2400处。
2.如选用有通贯龙骨体系，3000以下加一根，3000~5000加两根，5000以上加三根。
3.选用无通贯龙骨体系或有通贯龙骨体系，应根据设计要求决定。

轻钢龙骨隔墙立面示意		图集号	
审核 颜宏亮	校对 陈镌 陈镌	设计 孟刚	页 119

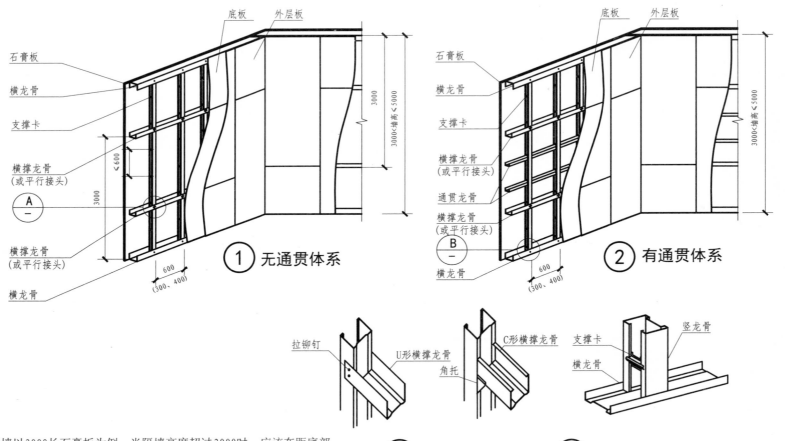

石膏板　横龙骨　支撑卡　横撑龙骨（或平行接头）　横撑龙骨（或平行接头）　横龙骨

底板　外层板

Ⓐ　—

3000＜墙高≤5000

3000

≤600

3000

600（300、400）

① 无通贯体系

石膏板　横龙骨　支撑卡　横撑龙骨（或平行接头）　通贯龙骨　横撑龙骨（或平行接头）　横龙骨

底板　外层板

Ⓑ　—

3000＜墙高≤5000

600

② 有通贯体系

拉铆钉　U形横撑龙骨　角托　C形横撑龙骨　支撑卡　竖龙骨　横龙骨

Ⓐ 横撑龙骨做法　Ⓑ 支撑卡（用于竖龙骨加强）

注：1.隔墙以3000长石膏板为例，当隔墙高度超过3000时，应该在距底部和顶部3000处加设横撑龙骨或平行接头，以便石膏板错缝安装。
　　2.如选用2400石膏板横撑龙骨应加设在2400处。竖龙骨重增加支撑卡，有利于增加龙骨强度，防止安装石膏板时龙骨变形。
　　3.U形横龙骨的翼缘应剪开并切断，用拉铆钉固定在竖向龙骨上，形成横撑龙骨，拉铆钉距竖龙骨边缘15~20。
　　4.竖龙骨应加设支撑卡用于竖龙骨加强，间距≤600为宜。

轻钢龙骨隔墙轴测示意

图集号	
审核	颜宏亮		校对	陈镛		设计	孟刚		页	120

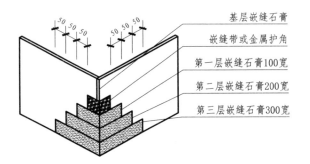

基层嵌缝石膏
嵌缝带或金属护角
第一层嵌缝石膏100宽
第二层嵌缝石膏200宽
第三层嵌缝石膏300宽

① 墙面阳角接缝处理

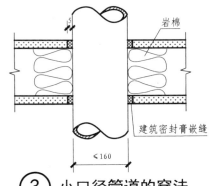

岩棉
建筑密封膏嵌缝

< 160

③ 小口径管道的穿法

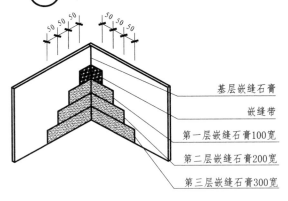

基层嵌缝石膏
嵌缝带
第一层嵌缝石膏100宽
第二层嵌缝石膏200宽
第三层嵌缝石膏300宽

② 墙面阴角接缝处理

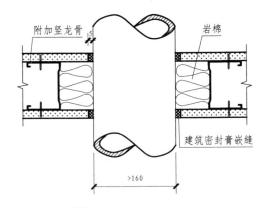

附加竖龙骨
岩棉
建筑密封膏嵌缝

> 160

④ 大口径管道的穿法

轻钢龙骨隔墙阴角、阳角及穿管道构造	图集号	
审核 颜宏亮 校对 陈镛 陈镛 设计 孟刚	页	121

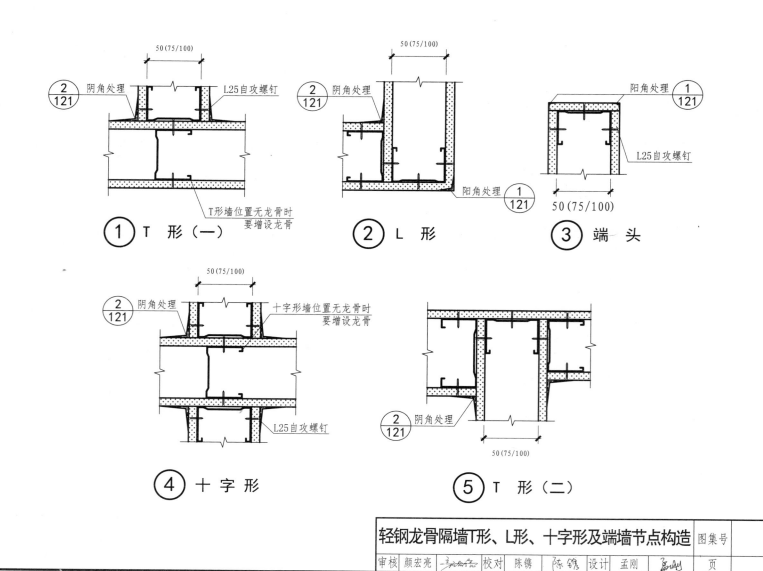

50(75/100)

$\frac{2}{121}$ 阴角处理　　　　　L25自攻螺钉

T形墙位置无龙骨时
要增设龙骨

① T 形（一）

50(75/100)

$\frac{2}{121}$ 阴角处理

阳角处理 $\frac{1}{121}$

② L 形

阳角处理 $\frac{1}{121}$

L25自攻螺钉

50(75/100)

③ 端 头

50(75/100)

$\frac{2}{121}$ 阴角处理　　　　十字形墙位置无龙骨时
要增设龙骨

L25自攻螺钉

④ 十 字 形

$\frac{2}{121}$ 阴角处理

50(75/100)

⑤ T 形（二）

轻钢龙骨隔墙T形、L形、十字形及端墙节点构造

| 审核 | 颜宏亮 | 校对 | 陈镌 | 设计 | 孟刚 | 页 | 122 |

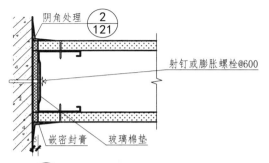

① （带玻璃棉垫做法）

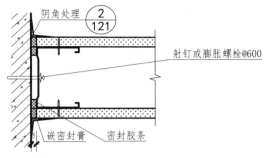

② （带密封胶条做法）

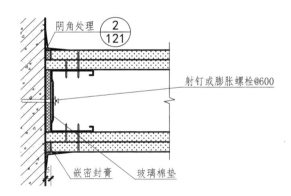

③ （带玻璃棉垫做法）

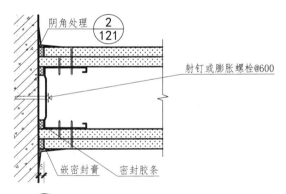

④ （带密封胶条做法）

轻钢龙骨隔墙与其他墙体的连接节点	图集号	
审核 颜宏亮 校对 陈镌 陈镌 设计 孟刚	页	123

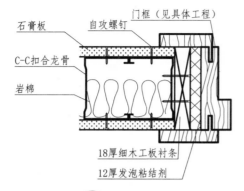

石膏板
C-C扣合龙骨
岩棉
门框（见具体工程）
自攻螺钉
18厚细木工板衬条
12厚发泡粘结剂

$\textcircled{1}$ C-C扣合组合

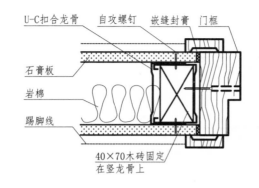

U-C扣合龙骨
石膏板
岩棉
踢脚线
自攻螺钉
嵌缝封膏
门框
40×70木砖固定
在竖龙骨上

$\textcircled{2}$ U-C扣合组合1

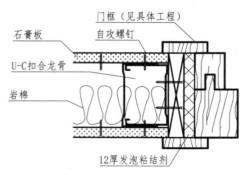

石膏板
U-C扣合龙骨
岩棉
门框（见具体工程）
自攻螺钉
12厚发泡粘结剂

$\textcircled{3}$ U-C扣合组合2

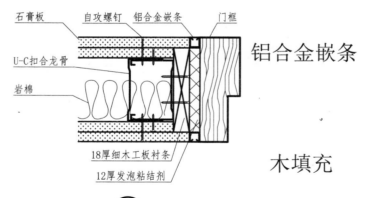

石膏板
U-C扣合龙骨
岩棉
自攻螺钉
铝合金嵌条
门框
铝合金嵌条
18厚细木工板衬条
12厚发泡粘结剂
木填充

$\textcircled{4}$ U-C扣合组合3

轻钢龙骨隔墙与木门框连接构造	图集号	
审核 颜宏亮 　　　　 校对 陈镱 陈镱 设计 孟刚	页	124

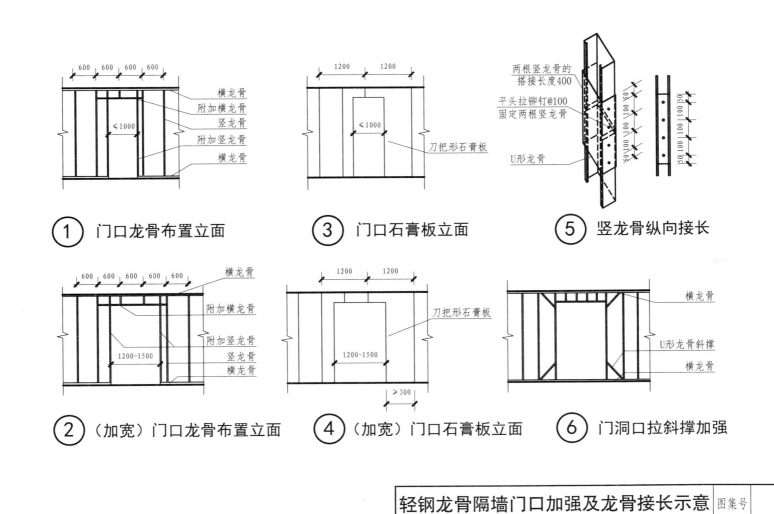

① 门口龙骨布置立面

③ 门口石膏板立面

⑤ 竖龙骨纵向接长

② （加宽）门口龙骨布置立面

④ （加宽）门口石膏板立面

⑥ 门洞口拉斜撑加强

轻钢龙骨隔墙门口加强及龙骨接长示意

图集号

审核 颜宏亮 ⋯ 校对 陈镳 陈镳 设计 孟刚

页 125

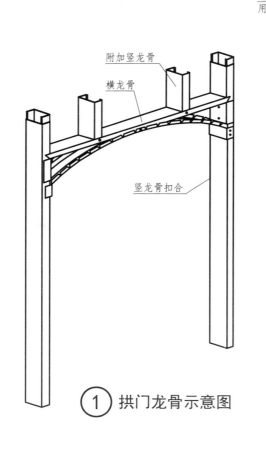

附加竖龙骨

横龙骨

竖龙骨扣合

① 拱门龙骨示意图

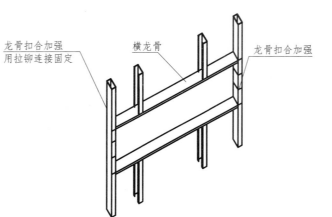

龙骨扣合加强
用拉铆连接固定

横龙骨

龙骨扣合加强

② 窗框附加龙骨构造轴测图

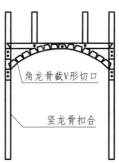

角龙骨截V形切口

竖龙骨扣合

③ 拱门立面示意图

龙骨扣合加强
用拉铆连接固定

附加横龙骨

竖龙骨

横龙骨

④ 门框附加龙骨构造轴测图

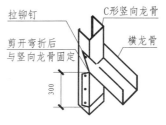

拉铆钉

C形竖向龙骨

剪开弯折后
与竖向龙骨固定

横龙骨

300

⑤ 门楣做法

轻钢龙骨隔墙门窗洞口龙骨加强构造

图集号

| 审核 | 颜宏亮 | | 校对 | 陈镛 | 陈镛 | 设计 | 孟刚 | | 页 | 126 |

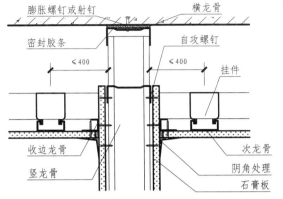

膨胀螺钉或射钉　横龙骨
密封胶条
自攻螺钉
＜400　＜400
挂件
收边龙骨
竖龙骨
次龙骨
阴角处理
石膏板

① 石膏板不封到顶
（不适用有防火隔声要求时）

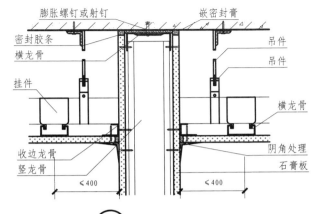

膨胀螺钉或射钉　嵌密封膏
密封胶条
横龙骨
挂件
吊件
吊件
横龙骨
收边龙骨
竖龙骨
次龙骨
阴角处理
石膏板
＜400　＜400

② 石膏板封到顶

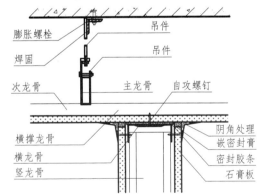

膨胀螺栓
焊固
吊件
吊件
次龙骨
主龙骨
自攻螺钉
横撑龙骨
横龙骨
竖龙骨
阴角处理
嵌密封膏
密封胶条
石膏板

③ 隔墙横龙骨与覆面龙骨相交
（不适用有防火隔声要求时）

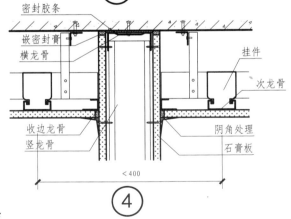

密封胶条
嵌密封膏
横龙骨
挂件
次龙骨
收边龙骨
竖龙骨
阴角处理
石膏板
＜400

④

轻钢龙骨隔墙与吊顶构造	图集号	
审核 颜宏亮　校对 陈镌　陈镌　设计 孟刚	页	127

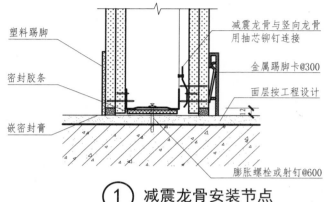

塑料踢脚

密封胶条

嵌密封膏

减震龙骨与竖向龙骨
用抽芯铆钉连接

金属踢脚卡@300

面层按工程设计

膨胀螺栓或射钉@600

① 减震龙骨安装节点

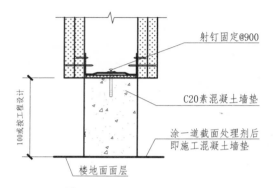

射钉固定@900

C20素混凝土墙垫

涂一道截面处理剂后
即施工混凝土墙垫

100或按工程设计

楼地面面层

② 预留踢脚安装节点

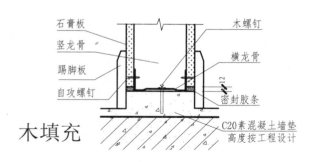

石膏板

竖龙骨

踢脚板

自攻螺钉

木螺钉

横龙骨

密封胶条

C20素混凝土墙垫
高度按工程设计

木填充

③

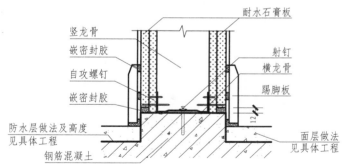

竖龙骨

嵌密封胶

自攻螺钉

嵌密封胶

耐水石膏板

射钉

横龙骨

踢脚板

防水层做法及高度
见具体工程

钢筋混凝土

面层做法
见具体工程

④ 适用于卫生间

轻钢龙骨隔墙与地面连接构造

图集号	
审核	颜宏亮	校对	陈锦	设计	孟刚		页	128

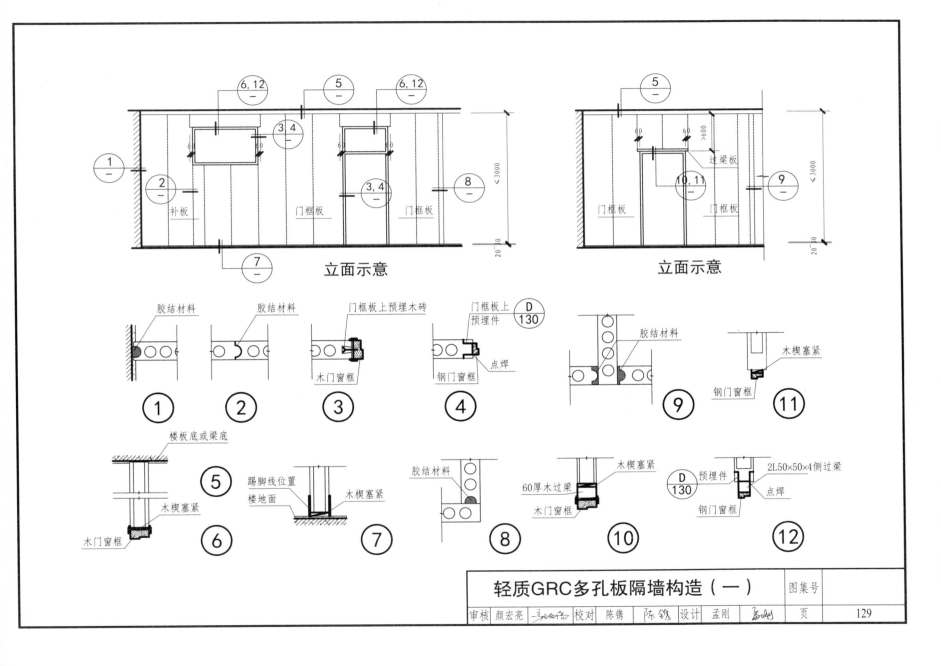

立面示意

立面示意

胶结材料 ① ②

胶结材料

门框板上预埋木砖 ③

门框板上预埋件 ④ D/130

钢门窗框

木门窗框

点焊

胶结材料 ⑨

木楔塞紧 ⑪

钢门窗框

楼板底或梁底 ⑤

木门窗框

木楔塞紧

踢脚线位置 ⑦

楼地面

木楔塞紧

胶结材料 ⑧

60厚木过梁 ⑩

木楔塞紧

木门窗框

D/130 预埋件 ⑫

2L50×50×4侧过梁

点焊

钢门窗框

补板

门框板

门框板

门框板

门框板

过梁板

轻质GRC多孔板隔墙构造（一）

图集号

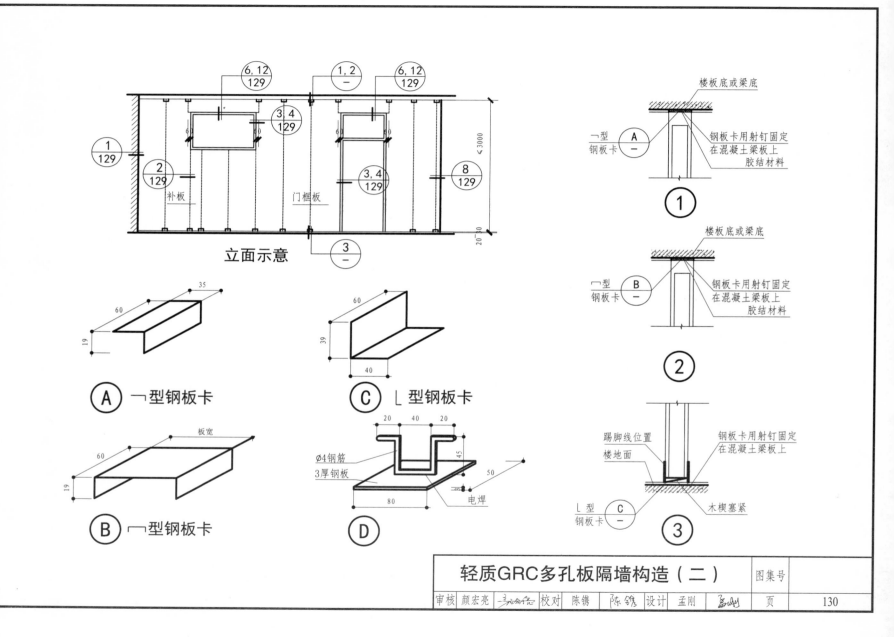

立面示意

补板

门框板

A ㄱ型钢板卡

B ㄱ型钢板卡

C L型钢板卡

Ø4钢筋
3厚钢板
电焊

D

楼板底或梁底

ㄱ型
钢板卡 A ——
钢板卡用射钉固定
在混凝土梁板上
胶结材料

①

楼板底或梁底

ㄱ型
钢板卡 B ——
钢板卡用射钉固定
在混凝土梁板上
胶结材料

②

踢脚线位置
楼地面
钢板卡用射钉固定
在混凝土梁板上

L型
钢板卡 C ——
木楔塞紧

③

轻质GRC多孔板隔墙构造（二）

图集号	
审核 颜宏亮	校对 陈镳	设计 孟刚	页

130

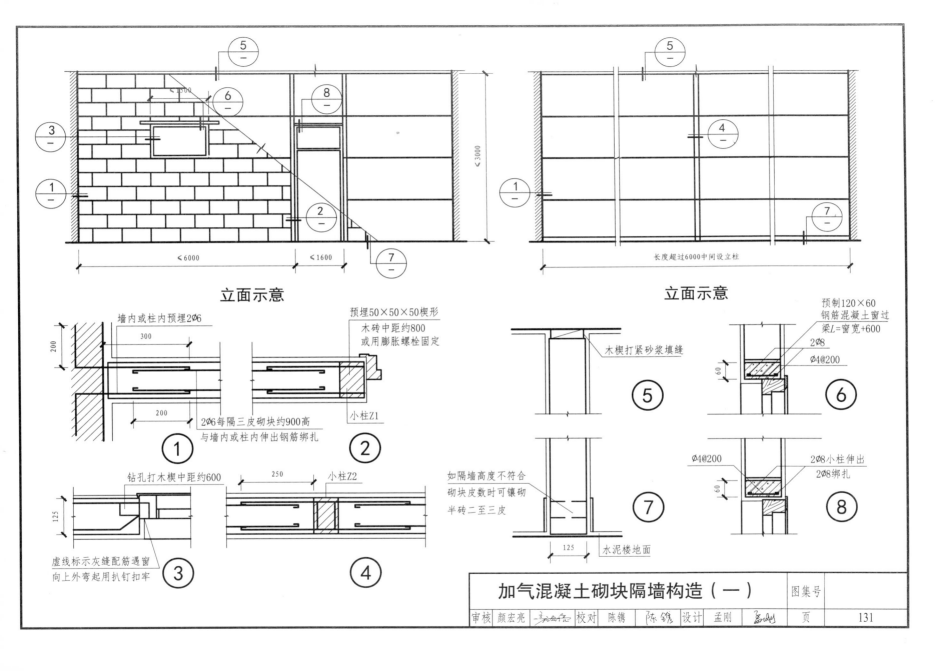

立面示意

长度超过6000中间设立柱

立面示意

墙内或柱内预埋2∅6

预埋50×50×50楔形
木砖中距约800
或用膨胀螺栓固定

2∅6每隔三皮砌块约900高
与墙内或柱内伸出钢筋绑扎

小柱Z1

①

②

钻孔打木楔中距约600

虚线标示灰缝配筋遇窗
向上外弯起用扒钉扣牢

③

小柱Z2

④

木楔打紧砂浆填缝

⑤

如隔墙高度不符合
砌块皮数时可镶砌
半砖二至三皮

水泥楼地面

⑦

预制120×60
钢筋混凝土窗过
梁L=窗宽+600

2∅8

∅4@200

⑥

∅4@200

2∅8小柱伸出
2∅8绑扎

⑧

加气混凝土砌块隔墙构造（一）

审核 颜宏亮　校对 陈镌　设计 孟刚　　图集号　　页 131

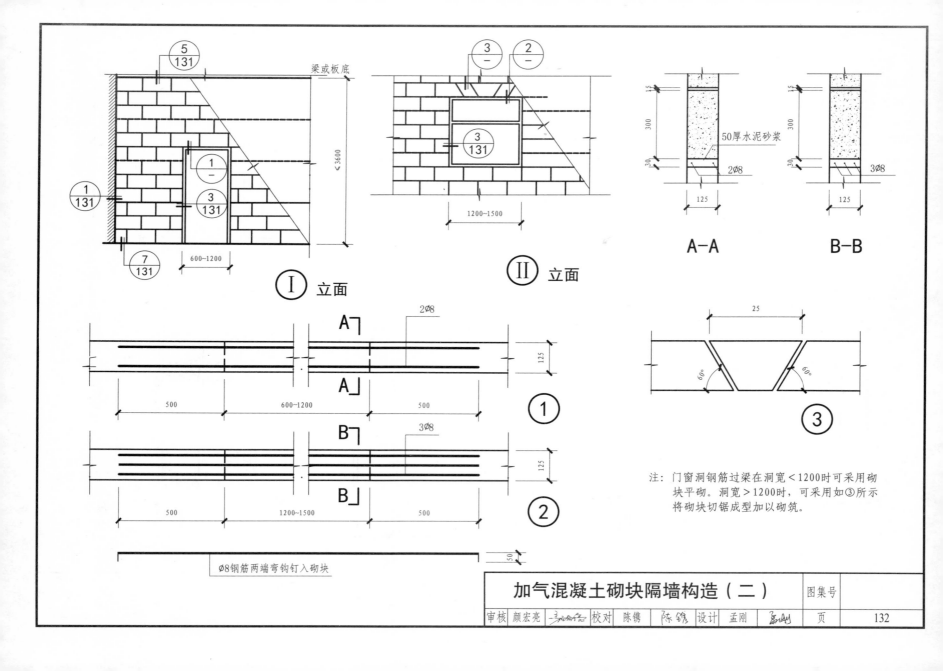

梁或板底

$\frac{5}{131}$

$\frac{1}{131}$

$\frac{1}{-}$

$\frac{3}{131}$

$\frac{7}{131}$

≤3600

600~1200

Ⅰ 立面

$\frac{3}{-}$ $\frac{2}{-}$

$\frac{3}{131}$

1200~1500

Ⅱ 立面

15

300

30

50厚水泥砂浆

2∅8

125

A-A

15

300

30

3∅8

125

B-B

A

2∅8

A

A

125

500   600~1200   500

①

B

3∅8

B

B

125

500   1200~1500   500

②

∅8钢筋两端弯钩钉入砌块

50

25

60°   60°

③

注：门窗洞钢筋过梁在洞宽＜1200时可采用砌
    块平砌。洞宽＞1200时，可采用如③所示
    将砌块切锯成型加以砌筑。

加气混凝土砌块隔墙构造（二）

图集号

审核 颜宏亮   校对 陈镌 陈镌   设计 孟刚

页 132

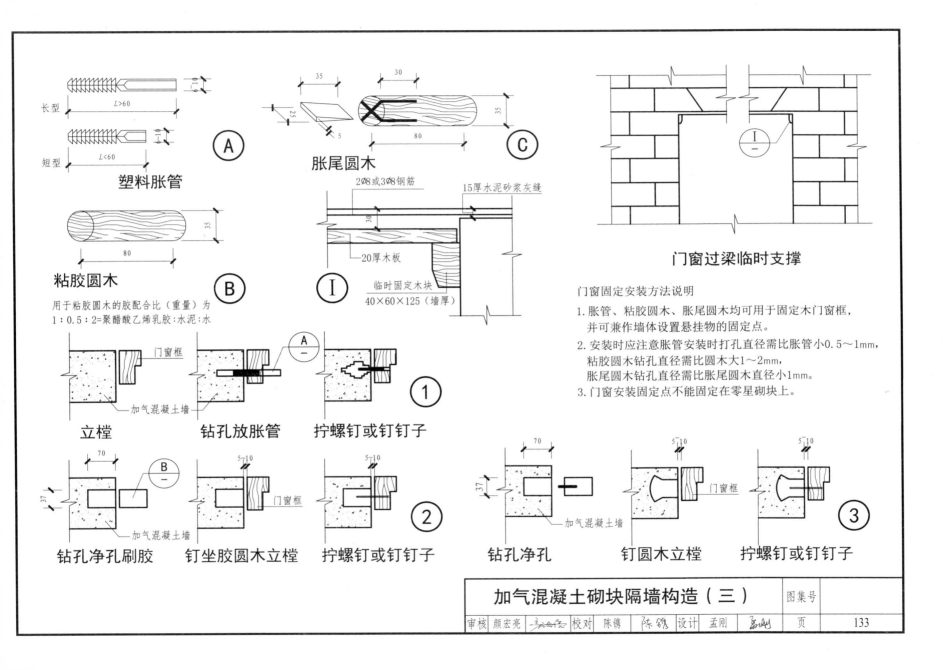

长型

$L>60$

短型

$L<60$

塑料胀管 A

粘胶圆木 B

用于粘胶圆木的胶配合比（重量）为
1：0.5：2=聚醋酸乙烯乳胶：水泥：水

35

30

胀尾圆木 C

80

$2\varnothing8$或$3\varnothing8$钢筋

15厚水泥砂浆灰缝

20厚木板

临时固定木块
$40×60×125$（墙厚）

I

门窗框

加气混凝土墙

立樘

钻孔放胀管 A

拧螺钉或钉钉子 1

70

37

B

加气混凝土墙

钻孔净孔刷胶

门窗框

钉坐胶圆木立樘

拧螺钉或钉钉子 2

门窗过梁临时支撑

门窗固定安装方法说明

1. 胀管、粘胶圆木、胀尾圆木均可用于固定木门窗框，
并可兼作墙体设置悬挂物的固定点。

2. 安装时应注意胀管安装时打孔直径需比胀管小0.5～1mm，
粘胶圆木钻孔直径需比圆木大1～2mm，
胀尾圆木钻孔直径需比胀尾圆木直径小1mm。

3. 门窗安装固定点不能固定在零星砌块上。

70

37

加气混凝土墙

钻孔净孔

门窗框

钉圆木立樘

拧螺钉或钉钉子 3

加气混凝土砌块隔墙构造（三）

图集号

审核 颜宏亮 　 校对 陈镛 陈镛 设计 孟刚 　 页 133

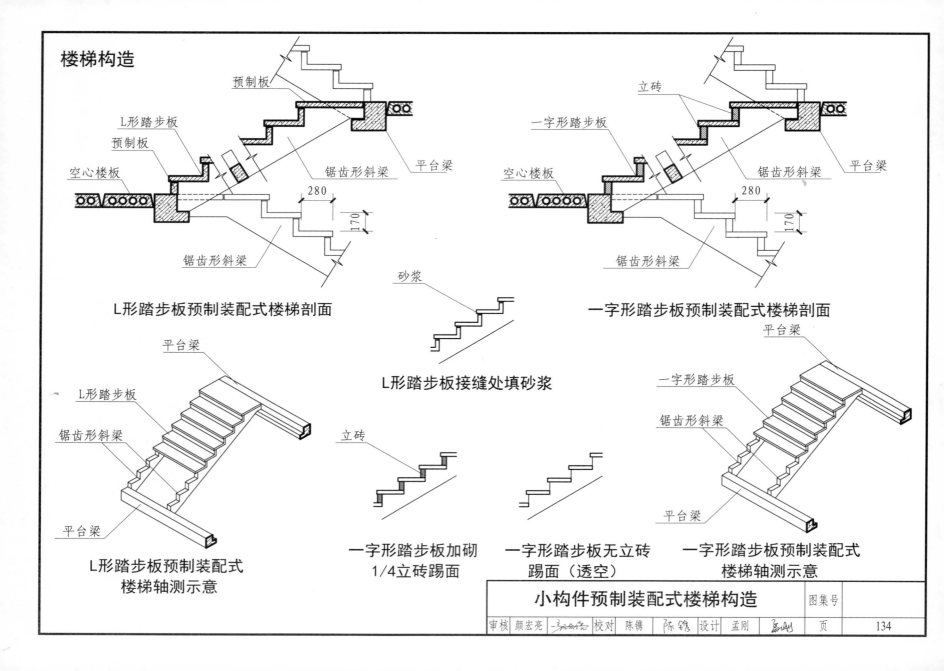

楼梯构造

预制板

L形踏步板
预制板
空心楼板

锯齿形斜梁
平台梁

280

170

锯齿形斜梁

L形踏步板预制装配式楼梯剖面

立砖
一字形踏步板
空心楼板

锯齿形斜梁
平台梁

280

170

锯齿形斜梁

一字形踏步板预制装配式楼梯剖面

砂浆

L形踏步板接缝处填砂浆

平台梁
L形踏步板
锯齿形斜梁

平台梁

**L形踏步板预制装配式
楼梯轴测示意**

立砖

**一字形踏步板加砌
1/4立砖踢面**

**一字形踏步板无立砖
踢面（透空）**

平台梁
一字形踏步板
锯齿形斜梁

平台梁

**一字形踏步板预制装配式
楼梯轴测示意**

小构件预制装配式楼梯构造	图集号	
审核 颜宏亮　　　　校对 陈镌　　陈镌　设计 孟刚	页	134

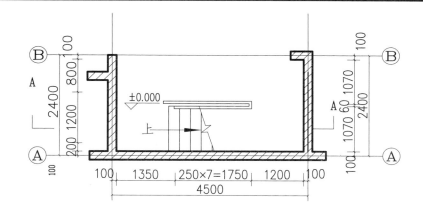

楼梯一层平面

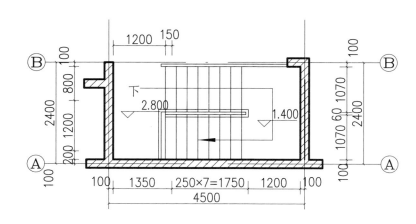

楼梯二层平面

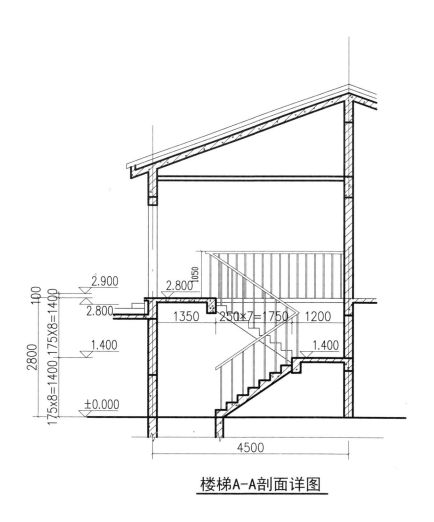

楼梯A-A剖面详图

钢筋混凝土楼梯构造（一）

审核	颜宏亮		校对	陈镱	陈镱	设计	孟刚		图集号	
									页	135

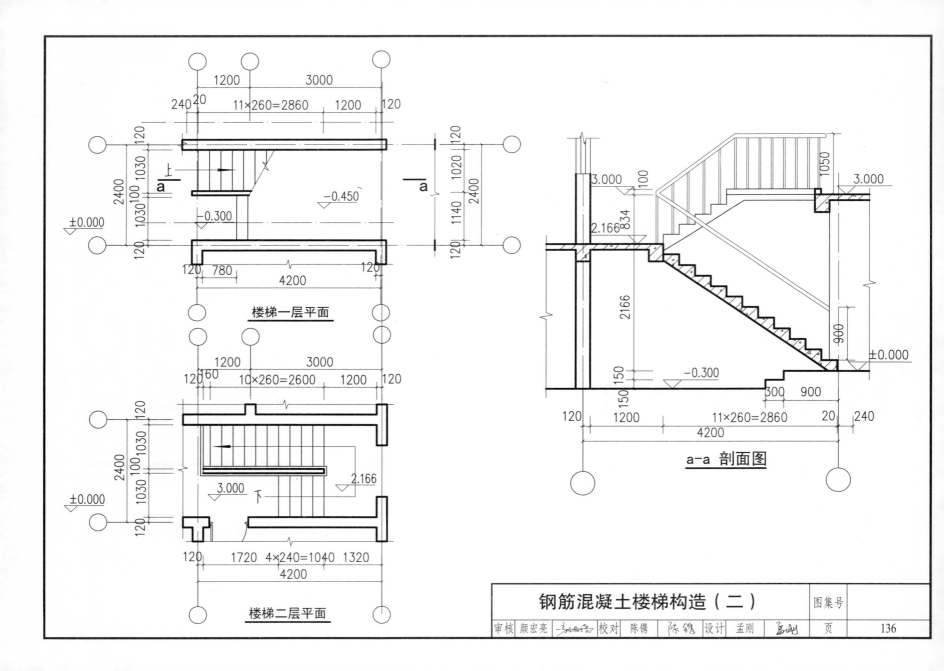

楼梯一层平面

楼梯二层平面

a-a 剖面图

钢筋混凝土楼梯构造（二）

| 审核 | 颜宏亮 | | 校对 | 陈镌 | 陈镌 | 设计 | 孟刚 | | 图集号 | |
| 页 | 136 |

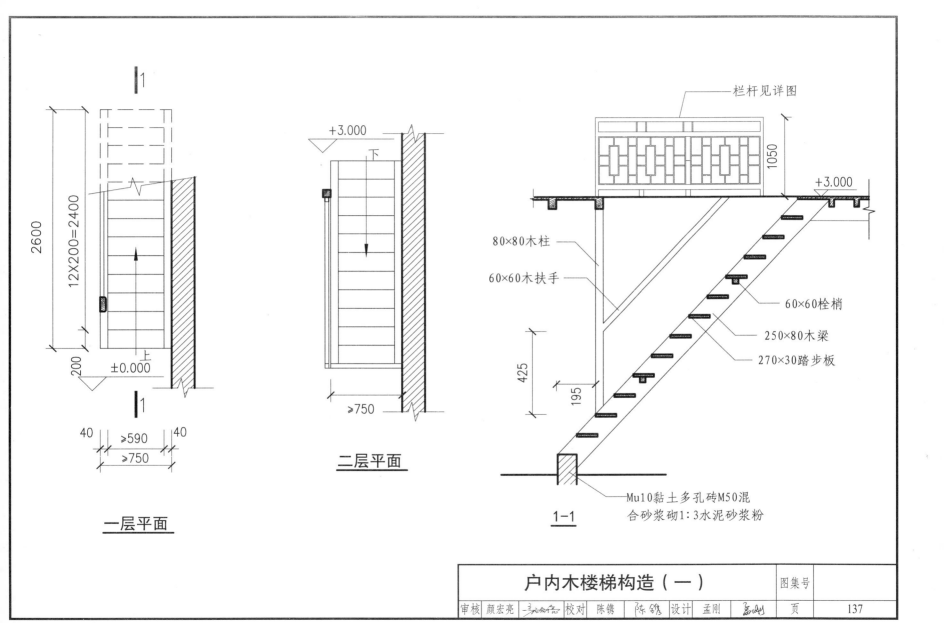

一层平面

二层平面

1-1

栏杆见详图

80×80木柱

60×60木扶手

60×60栓梢

250×80木梁

270×30踏步板

Mu10黏土多孔砖M50混
合砂浆砌1:3水泥砂浆粉

12×200=2400

2600

200

±0.000

40 ≥590 40

≥750

+3.000

下

≥750

上

+3.000

1050

425

195

户内木楼梯构造（一）

图集号	
审核	颜宏亮	校对	陈镛	设计	孟刚	页	137

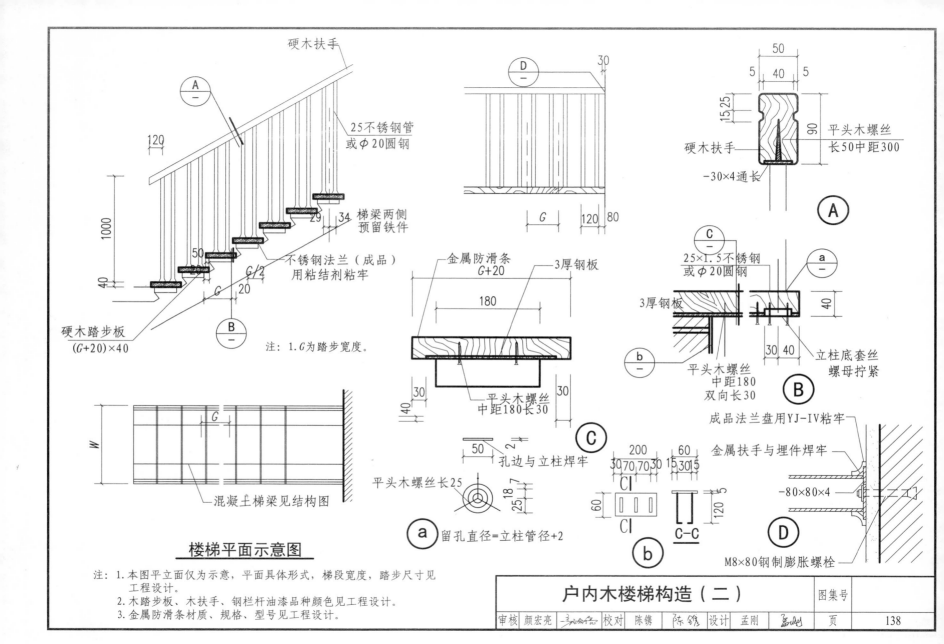

硬木扶手

25不锈钢管
或φ20圆钢

梯梁两侧
预留铁件

不锈钢法兰（成品）
用粘结剂粘牢

硬木踏步板
(G+20)×40

注：1.G为踏步宽度。

混凝土梯梁见结构图

楼梯平面示意图

注：1.本图平立面仅为示意，平面具体形式，梯段宽度，踏步尺寸见
　　工程设计。
　　2.木踏步板、木扶手、钢栏杆油漆品种和颜色见工程设计。
　　3.金属防滑条材质、规格、型号见工程设计。

平头木螺丝
长50中距300

硬木扶手

－30×4通长

金属防滑条
G+20

3厚钢板

平头木螺丝
中距180长30

孔边与立柱焊牢

平头木螺丝长25

留孔直径=立柱管径+2

25×1.5不锈钢
或φ20圆钢

3厚钢板

平头木螺丝
中距180
双向长30

立柱底套丝
螺母拧紧

成品法兰盘用YJ-IV粘牢

金属扶手与埋件焊牢

－80×80×4

M8×80钢制膨胀螺栓

C－C

户内木楼梯构造（二）

					图集号	
审核	颜宏亮	校对	陈镌	设计	孟刚	
		陈镌		孟刚	页	138

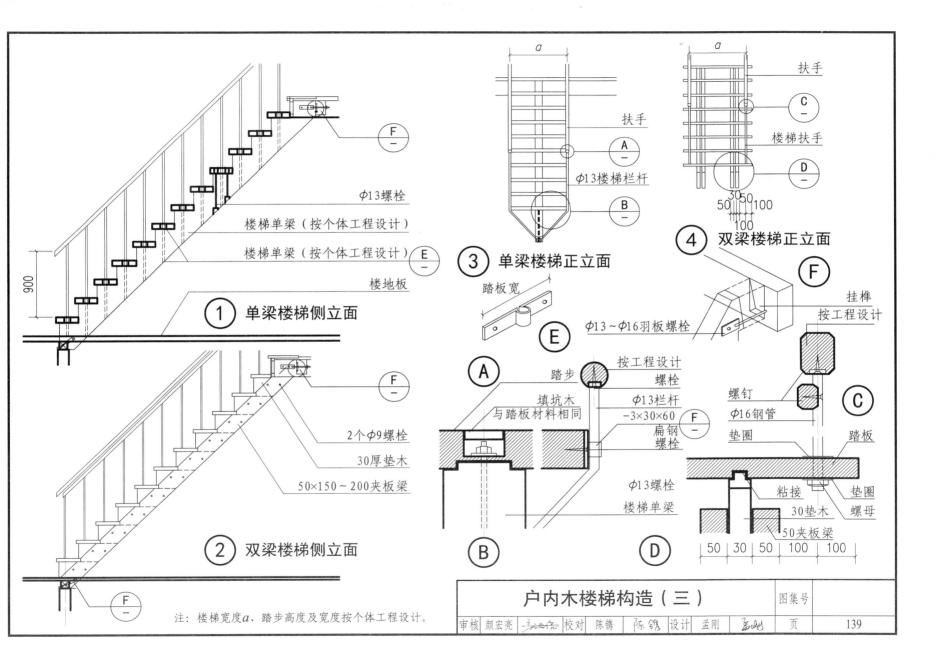

① 单梁楼梯侧立面

② 双梁楼梯侧立面

③ 单梁楼梯正立面

④ 双梁楼梯正立面

扶手
φ13螺栓
楼梯单梁（按个体工程设计）
楼梯单梁（按个体工程设计）
楼地板

2个φ9螺栓
30厚垫木
50×150～200夹板梁

扶手
φ13楼梯栏杆

扶手
楼梯扶手

踏板宽

φ13～φ16羽板螺栓

挂榫
按工程设计

踏步
按工程设计
螺栓
填坑木
与踏板材料相同
φ13栏杆
-3×30×60
扁钢
螺栓

φ13螺栓
楼梯单梁

螺钉
φ16钢管
垫圈
踏板
粘接
垫圈
30垫木
螺母
50夹板梁

注：楼梯宽度a、踏步高度及宽度按个体工程设计。

户内木楼梯构造（三）

审核	颜宏亮		校对	陈镔	陈镔	设计	孟刚		图集号	
									页	139

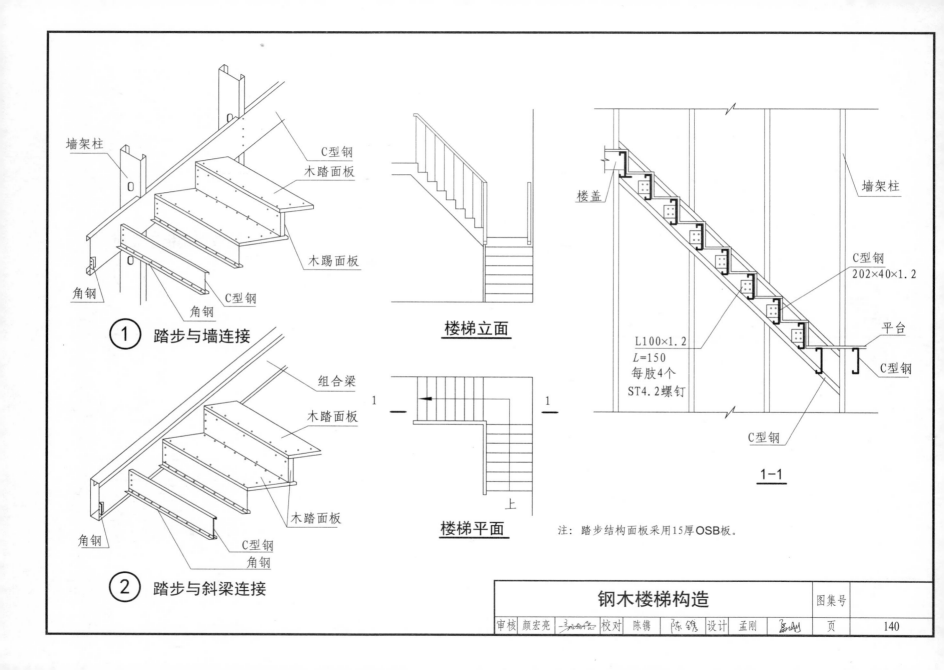

墙架柱

C型钢

木踏面板

木踢面板

角钢

角钢

C型钢

① 踏步与墙连接

组合梁

木踏面板

木踏面板

角钢

C型钢

角钢

② 踏步与斜梁连接

楼梯立面

1

1

上

楼梯平面

楼盖

墙架柱

C型钢
202×40×1.2

L100×1.2
L=150
每肢4个
ST4.2螺钉

平台

C型钢

C型钢

1—1

注：踏步结构面板采用15厚OSB板。

钢木楼梯构造

图集号

审核 颜宏亮　　　　校对 陈镌　　陈镌　设计 孟刚　　　　　页　140

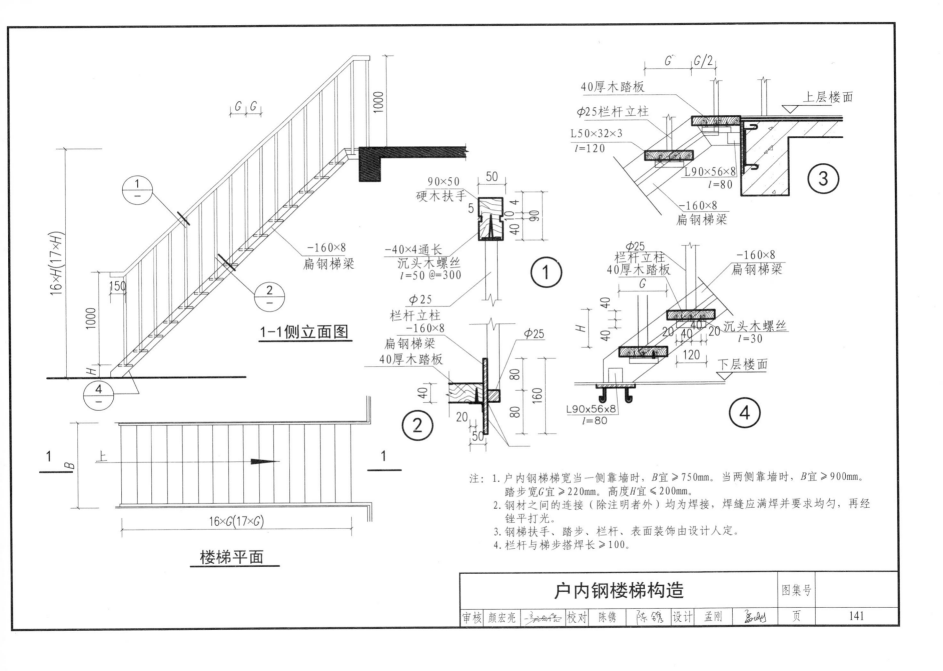

1-1侧立面图

90×50
硬木扶手

−40×4通长
沉头木螺丝
l=50 @=300

φ25
栏杆立柱
−160×8

扁钢梯梁
40厚木踏板

−160×8
扁钢梯梁

φ25

楼梯平面

40厚木踏板
φ25栏杆立柱
L50×32×3
l=120

L90×56×8
l=80

上层楼面

扁钢梯梁

φ25
栏杆立柱
40厚木踏板

−160×8
扁钢梯梁

沉头木螺丝
l=30

下层楼面

L90×56×8
l=80

注：1. 户内钢梯梯宽当一侧靠墙时，*B*宜≥750mm。当两侧靠墙时，*B*宜≥900mm。
　　　踏步宽*G*宜≥220mm。高度*H*宜≤200mm。
　　2. 钢材之间的连接（除注明者外）均为焊接，焊缝应满焊并要求均匀，再经
　　　铧平打光。
　　3. 钢梯扶手、踏步、栏杆、表面装饰由设计人定。
　　4. 栏杆与梯步搭焊长≥100。

户内钢楼梯构造	图集号	
审核 颜宏亮 　　　　校对 陈镌 陈镌 设计 孟刚	页	141

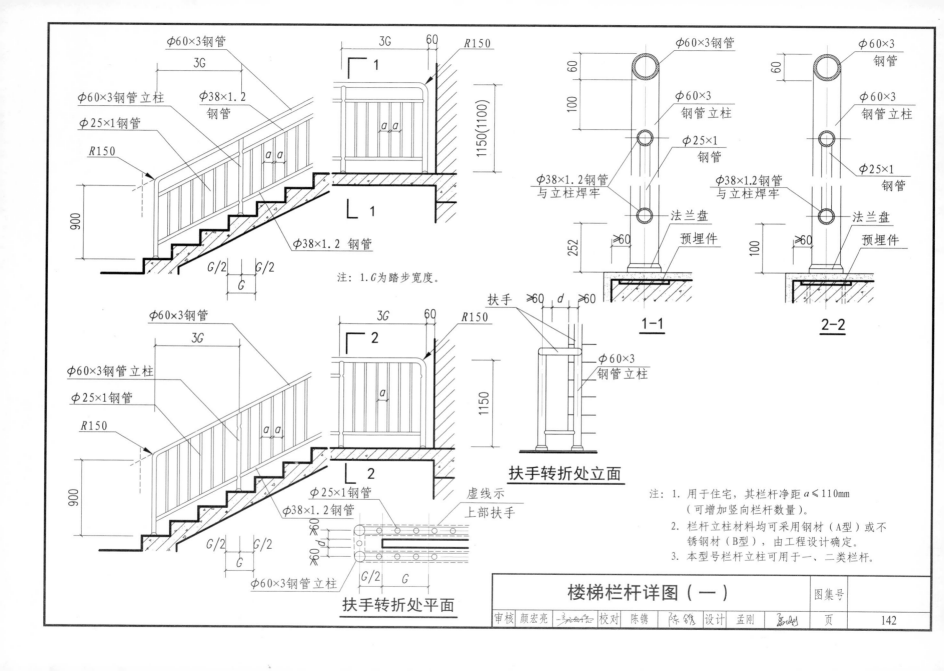

注：1. G为踏步宽度。

注：1. 用于住宅，其栏杆净距 $a \leqslant 110$mm
（可增加竖向栏杆数量）。
2. 栏杆立柱材料均可采用钢材（A型）或不
锈钢材（B型），由工程设计确定。
3. 本型号栏杆立柱可用于一、二类栏杆。

扶手转折处平面

扶手转折处立面

楼梯栏杆详图（一）

审核	颜宏亮		校对	陈镌		设计	孟刚	

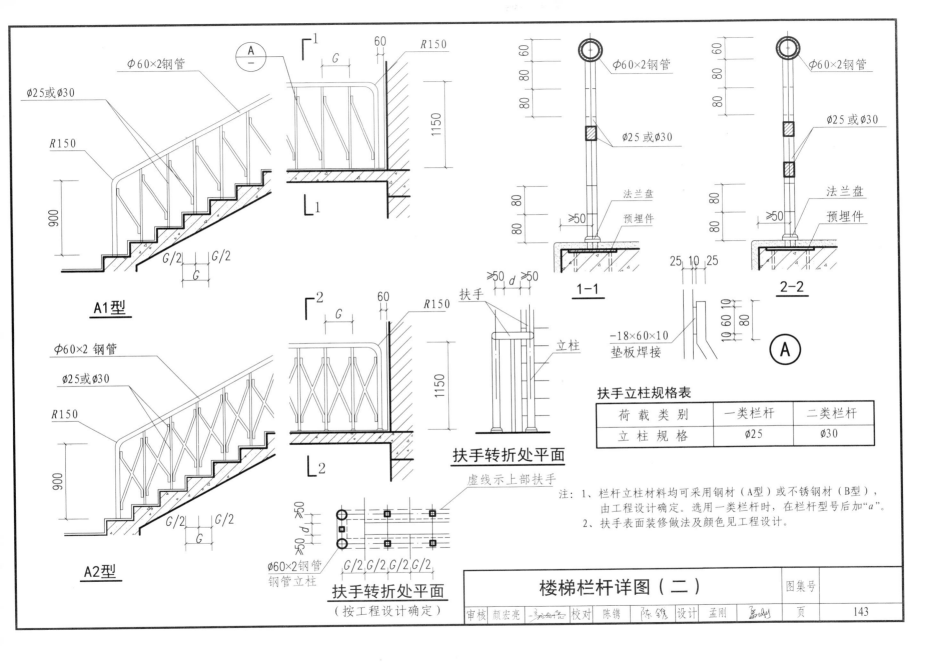

A1型

A2型

1-1

2-2

扶手转折处平面
（虚线示上部扶手）

扶手转折处平面
（按工程设计确定）

φ60×2钢管
钢管立柱

扶手立柱规格表

荷 载 类 别	一类栏杆	二类栏杆
立 柱 规 格	φ25	φ30

注：1、栏杆立柱材料均可采用钢材（A型）或不锈钢材（B型），
由工程设计确定。选用一类栏杆时，在栏杆型号后加"a"。
2、扶手表面装修做法及颜色见工程设计。

楼梯栏杆详图（二）

审核 颜宏亮　　　　校对 陈镌　陈镌　设计 孟刚
图集号
页 143

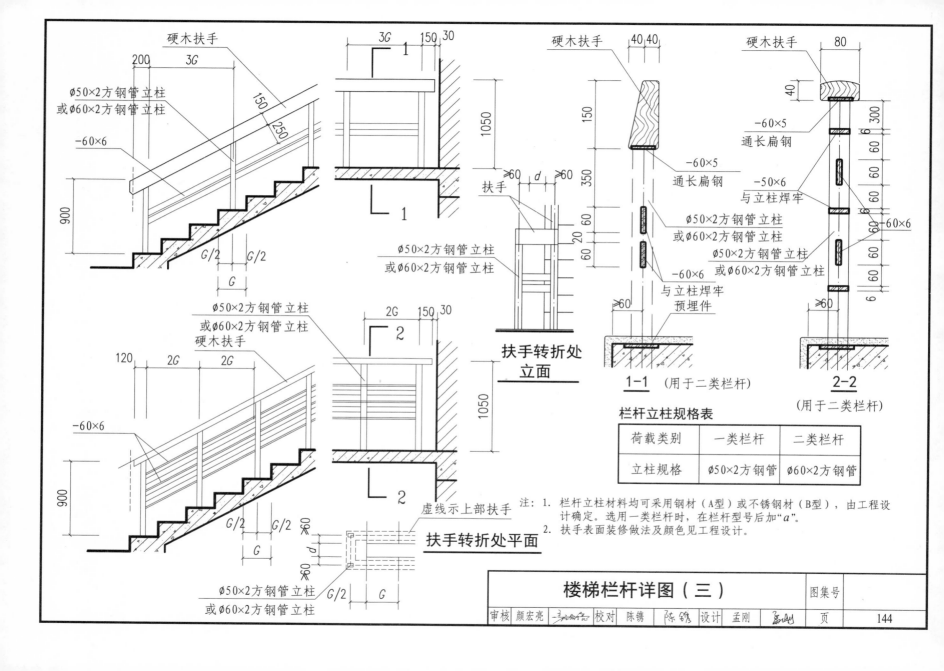

硬木扶手

$\phi50\times2$方钢管立柱
或$\phi60\times2$方钢管立柱

-60×6

扶手转折处
立面

硬木扶手

通长扁钢
-60×5

$\phi50\times2$方钢管立柱
或$\phi60\times2$方钢管立柱

与立柱焊牢
预埋件

1-1 （用于二类栏杆）

硬木扶手

-60×5
通长扁钢

-50×6
与立柱焊牢

$\phi50\times2$方钢管立柱
或$\phi60\times2$方钢管立柱

-60×6

2-2
（用于二类栏杆）

$\phi50\times2$方钢管立柱
或$\phi60\times2$方钢管立柱
硬木扶手

-60×6

$\phi50\times2$方钢管立柱
或$\phi60\times2$方钢管立柱

虚线示上部扶手

扶手转折处平面

栏杆立柱规格表

荷载类别	一类栏杆	二类栏杆
立柱规格	$\phi50\times2$方钢管	$\phi60\times2$方钢管

注：1. 栏杆立柱材料均可采用钢材（A型）或不锈钢材（B型），由工程设计确定。选用一类栏杆时，在栏杆型号后加"a"。
2. 扶手表面装修做法及颜色见工程设计。

楼梯栏杆详图（三）

图集号	

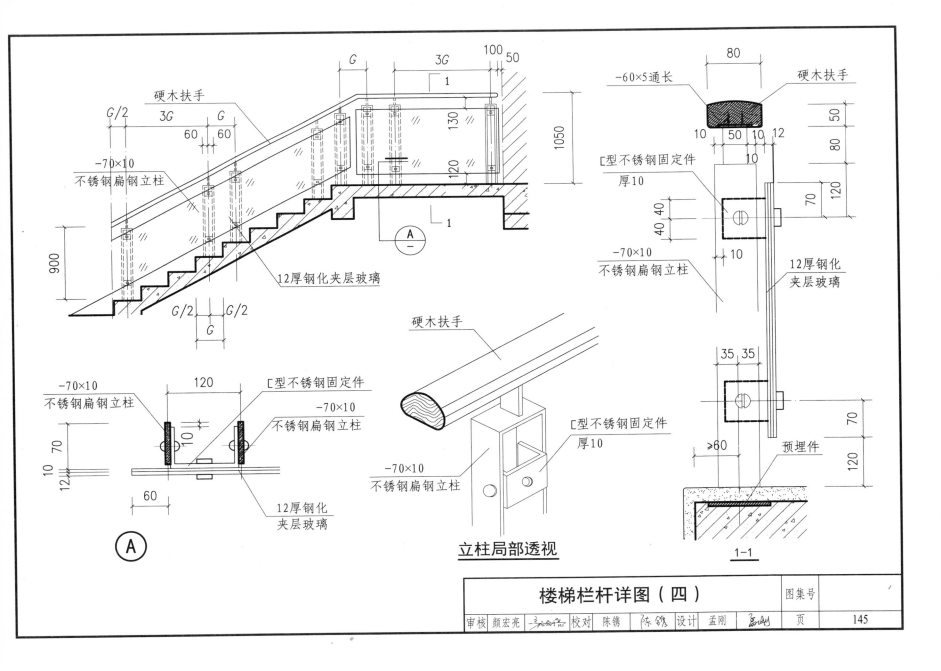

硬木扶手

3G

G

G/2

3G

G

60 60

−70×10
不锈钢扁钢立柱

900

G/2 G/2

G

100
50

1

130

1050

120

12厚钢化夹层玻璃

A
—

−60×5通长

硬木扶手

80

50

80

10 50 10 12

10

120

70

[型不锈钢固定件
厚10

40 40

10

−70×10
不锈钢扁钢立柱

12厚钢化
夹层玻璃

−70×10
不锈钢扁钢立柱

120

[型不锈钢固定件

−70×10
不锈钢扁钢立柱

70

10

10

12

60

12厚钢化
夹层玻璃

硬木扶手

[型不锈钢固定件
厚10

−70×10
不锈钢扁钢立柱

立柱局部透视

A

35 35

≥60

预埋件

70

120

1−1

楼梯栏杆详图（四）

图集号	
审核 颜宏亮	校对 陈镌 陈镌	设计 孟刚	页 145

钢筋混凝土栏板

120

900

A1型

钢筋混凝土栏板

A2型

Γ¹

1150

L¹

A   B
—   —

1150

18 栏板厚 18

1-1

10 15   15 10   水磨石面层

水泥砂浆抹面
水磨石面层
剁斧石面层

100

10

20   20

A

10 15   15 10   水磨石面层

水泥砂浆抹面
水磨石面层
剁斧石面层

5

100

20   20

B

注：1．扶手、栏杆表面装修做法及颜色见工程设计。
　　2．5、7、9扶手用A节点，6、8、10扶手用B节点。
　　3．栏板厚度及配筋见工程设计。
　　4．平台转折处两个梯段之间的空隙不得小于150mm。

楼梯栏杆详图（五）

审核	颜宏亮		校对	陈镌	陈镌	设计	孟刚		图集号	
									页	146

阳台构造

60×60×2焊接钢管或不锈钢管
16方钢或 ϕ25不锈钢管每≤110排均

1150
3300 3600 3900 4200

正立面（全挑,半挑）

1450
侧(立)面全挑

750
侧(立)面半挑

2/148

60×60×2焊接钢管或不锈钢管
16方钢或 ϕ25不锈钢管每 <110排均

2/148   2/148

1150
3300 3600 3900 4200
140   140

正(立)面全凹

选用表

编　号	开间尺寸	阳台形式
0101	3300	全挑
0102	3600	
0103	3900	
0104	4200	
0105	3300	半挑
0106	3600	
0107	3900	
0108	4200	
0109	3300	全凹
0110	3600	
0111	3900	
0112	4200	

80 5 100
80
2ϕ8

① 墙身预埋钢板

60×60×2焊接钢管
或 ϕ25不锈钢管（设计人定）

16方钢或 ϕ25不锈
钢管≤110排匀
（设计人定）

10厚水泥砂浆粉面
阳台钢筋混凝土板
C20细石混凝土现捣
2ϕ10
阳台板预留 ϕ8钢筋每200

60×5通长连接板
80×5通长预埋钢板
ϕ6铁脚每200

① 阳台剖面节点1轴侧图

阳台细部构造（一）

审核 颜宏亮　校对 陈镶　陈镶　设计 孟刚

图集号

页 147

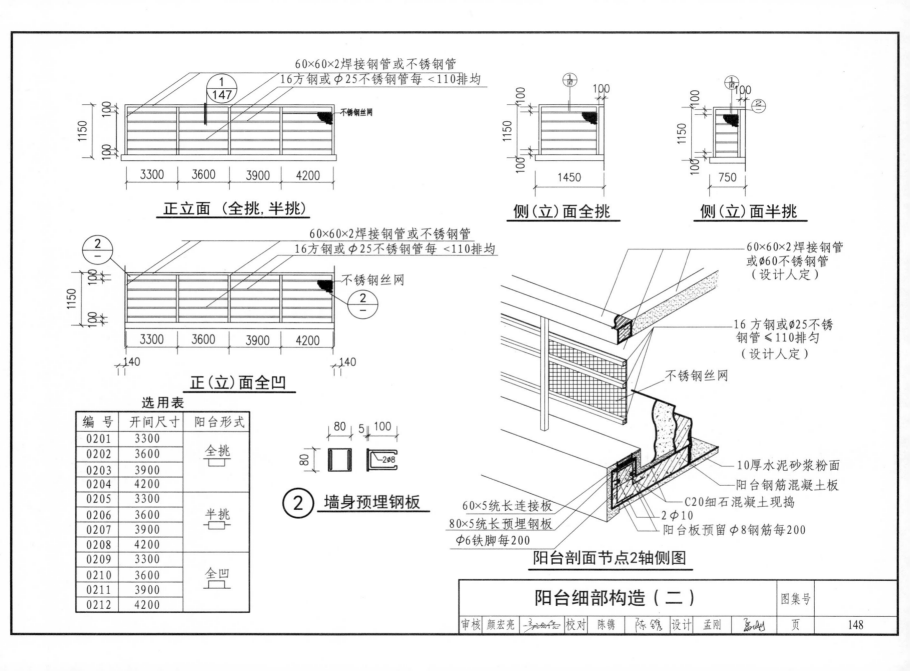

60×60×2焊接钢管或不锈钢管
16方钢或φ25不锈钢管每 <110排均

①
147

1150
100
100

3300 3600 3900 4200

不锈钢丝网

正立面（全挑, 半挑）

①
100 100

1150

1450

侧(立)面全挑

①
100 100

1150

750

②

侧(立)面半挑

60×60×2焊接钢管或不锈钢管
16方钢或φ25不锈钢管每 <110排均

②
—

1150
100
100

3300 3600 3900 4200

不锈钢丝网

②
—

140   140

正(立)面全凹

选用表

编 号	开间尺寸	阳台形式
0201	3300	全挑
0202	3600	
0203	3900	
0204	4200	
0205	3300	半挑
0206	3600	
0207	3900	
0208	4200	
0209	3300	全凹
0210	3600	
0211	3900	
0212	4200	

80 5 100

80

2φ8

②
墙身预埋钢板

60×60×2焊接钢管
或φ60不锈钢管
（设计人定）

16方钢或φ25不锈
钢管≤110排匀
（设计人定）

不锈钢丝网

10厚水泥砂浆粉面
阳台钢筋混凝土板
C20细石混凝土现捣
2φ10
阳台板预留φ8钢筋每200

60×5统长连接板
80×5统长预埋钢板
φ6铁脚每200

阳台剖面节点2轴侧图

阳台细部构造（二）

审核 颜宏亮	校对 陈镌 陈镌 设计 孟刚

图集号

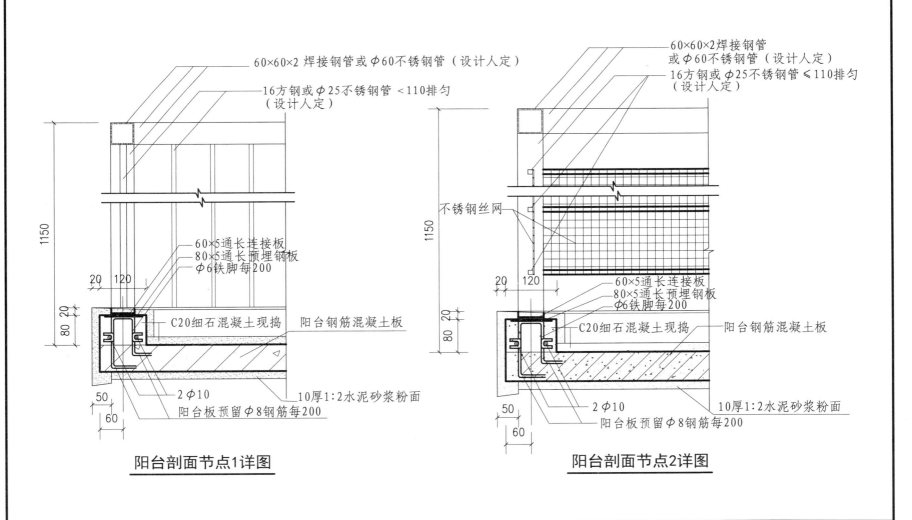

60×60×2焊接钢管或φ60不锈钢管（设计人定）

16方钢或φ25不锈钢管＜110排匀
（设计人定）

60×60×2焊接钢管
或φ60不锈钢管（设计人定）

16方钢或φ25不锈钢管≤110排匀
（设计人定）

不锈钢丝网

1150

20 120

80 20

60×5通长连接板
80×5通长预埋钢板
φ6铁脚每200

C20细石混凝土现捣

阳台钢筋混凝土板

50

60

2φ10

10厚1:2水泥砂浆粉面

阳台板预留φ8钢筋每200

阳台剖面节点1详图

1150

20 120

80 20

60×5通长连接板
80×5通长预埋钢板
φ6铁脚每200

C20细石混凝土现捣

阳台钢筋混凝土板

50

60

2φ10

10厚1:2水泥砂浆粉面

阳台板预留φ8钢筋每200

阳台剖面节点2详图

阳台细部构造（三）							图集号	
审核	颜宏亮		校对	陈镌	陈镌	设计	孟刚	
							页	149

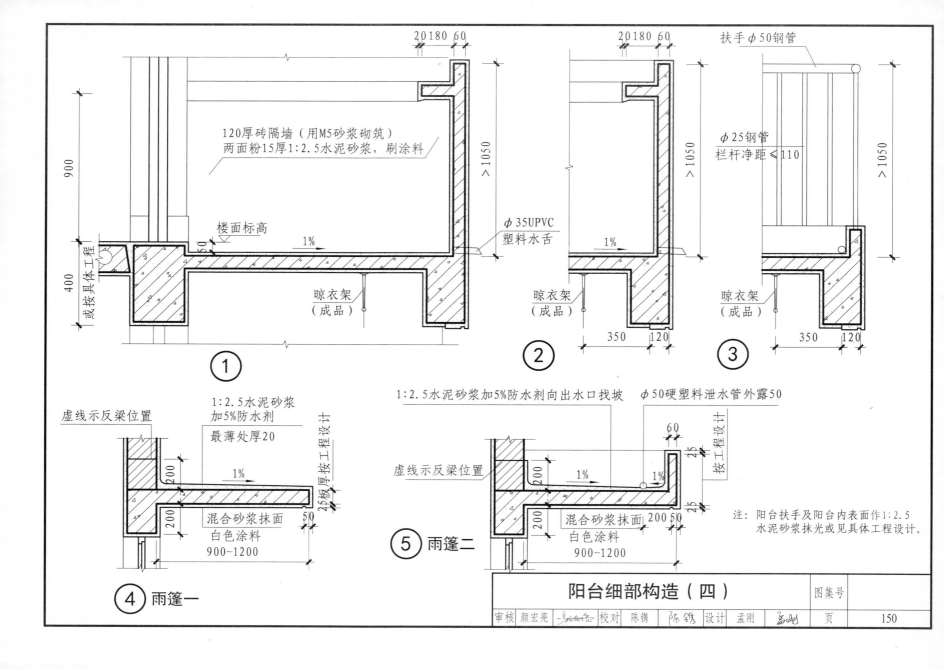

120厚砖隔墙（用M5砂浆砌筑）
两面粉15厚1:2.5水泥砂浆，刷涂料

楼面标高

1%

φ35UPVC
塑料水舌

晾衣架
（成品）

900

400

或按具体工程

50

①

20 180 60

>1050

1%

晾衣架
（成品）

350 120

②

20 180 60

>1050

扶手φ50钢管

φ25钢管
栏杆净距≤110

1%

晾衣架
（成品）

350 120

>1050

③

1:2.5水泥砂浆
加5%防水剂

最薄处厚20

1%

混合砂浆抹面
白色涂料
900~1200

虚线示反梁位置

200

200

50

25板厚按工程设计

④ 雨篷一

1:2.5水泥砂浆加5%防水剂向出水口找坡

φ50硬塑料泄水管外露50

60

25

25

25

按工程设计

1%

1%

虚线示反梁位置

200

200

混合砂浆抹面 200 50
白色涂料
900~1200

⑤ 雨篷二

注：阳台扶手及阳台内表面作1:2.5
水泥砂浆抹光或见具体工程设计。

阳台细部构造（四）		图集号	
审核 颜宏亮	校对 陈镶 陈镶	设计 孟刚	页 150

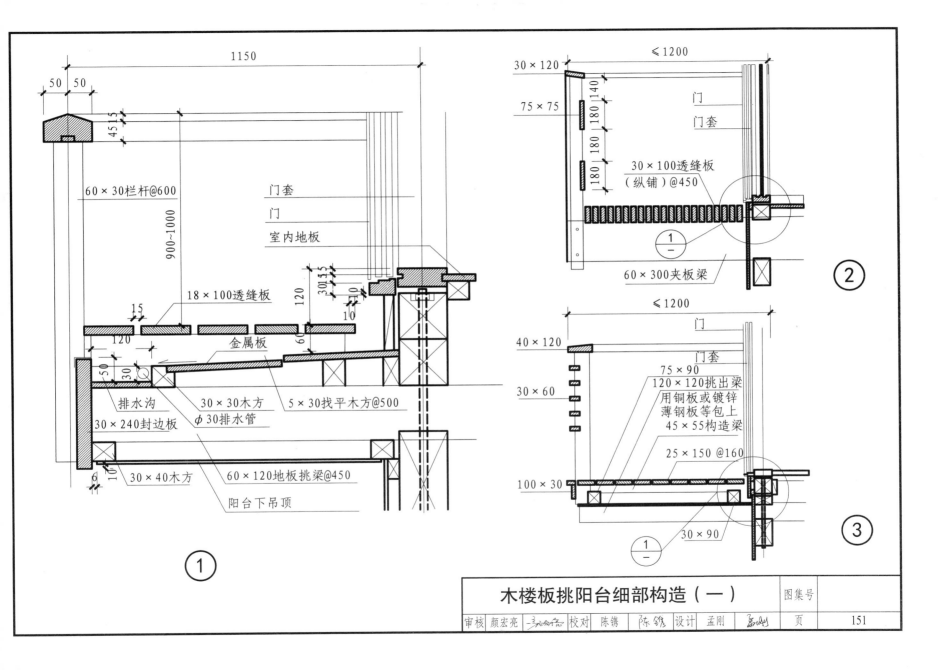

1150

50 50

45 15

60×30栏杆@600

门套

门

室内地板

900~1000

18×100透缝板

120

30 15

10

15

120

金属板

60

10

50

30

排水沟

30×30木方

5×30找平木方@500

φ30排水管

30×240封边板

6 10

30×40木方

60×120地板挑梁@450

阳台下吊顶

①

≤1200

30×120

140

180 180

门

180 180

门套

75×75

180

30×100透缝板
（纵铺）@450

①
—

60×300夹板梁

②

≤1200

门

40×120

门套

75×90

120×120挑出梁
用铜板或镀锌
薄钢板等包上
45×55构造梁

30×60

25×150 @160

100×30

30×90

①
—

③

木楼板挑阳台细部构造（一）

图集号

审核 颜宏亮　　　校对 陈镌　陈镌　设计 孟刚

页 151

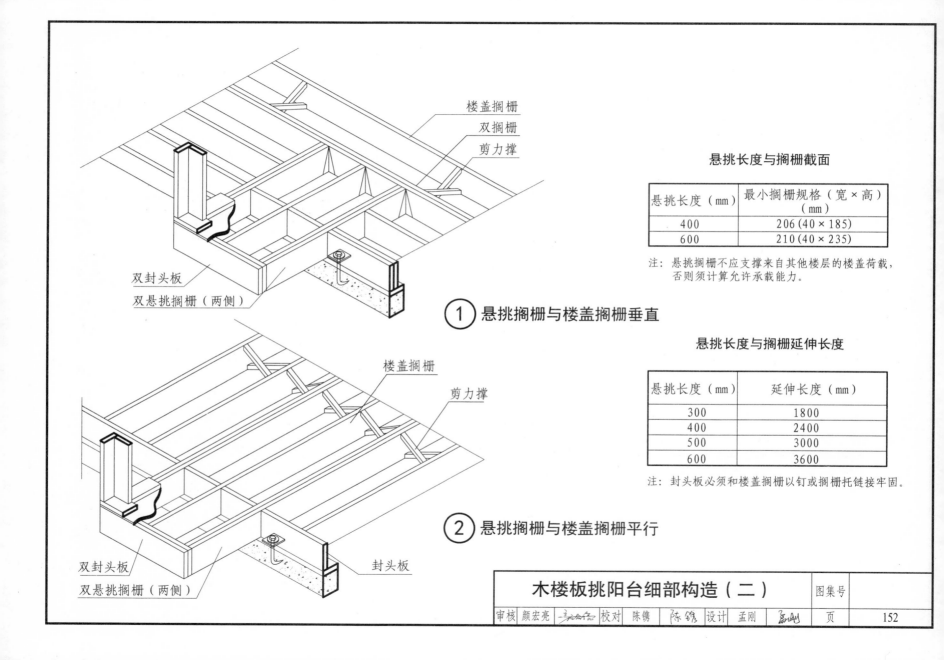

楼盖搁栅

双搁栅

剪力撑

悬挑长度与搁栅截面

悬挑长度（mm）	最小搁栅规格（宽×高）（mm）
400	206（40×185）
600	210（40×235）

注：悬挑搁栅不应支撑来自其他楼层的楼盖荷载，否则须计算允许承载能力。

双封头板

双悬挑搁栅（两侧）

① **悬挑搁栅与楼盖搁栅垂直**

悬挑长度与搁栅延伸长度

悬挑长度（mm）	延伸长度（mm）
300	1800
400	2400
500	3000
600	3600

注：封头板必须和楼盖搁栅以钉或搁栅托链接牢固。

楼盖搁栅

剪力撑

② **悬挑搁栅与楼盖搁栅平行**

双封头板

双悬挑搁栅（两侧）

封头板

木楼板挑阳台细部构造（二）

| 审核 | 颜宏亮 | 一方合名 | 校对 | 陈镌 | 陈镌 | 设计 | 孟刚 | 孟刚 | 图集号 | | 页 | 152 |

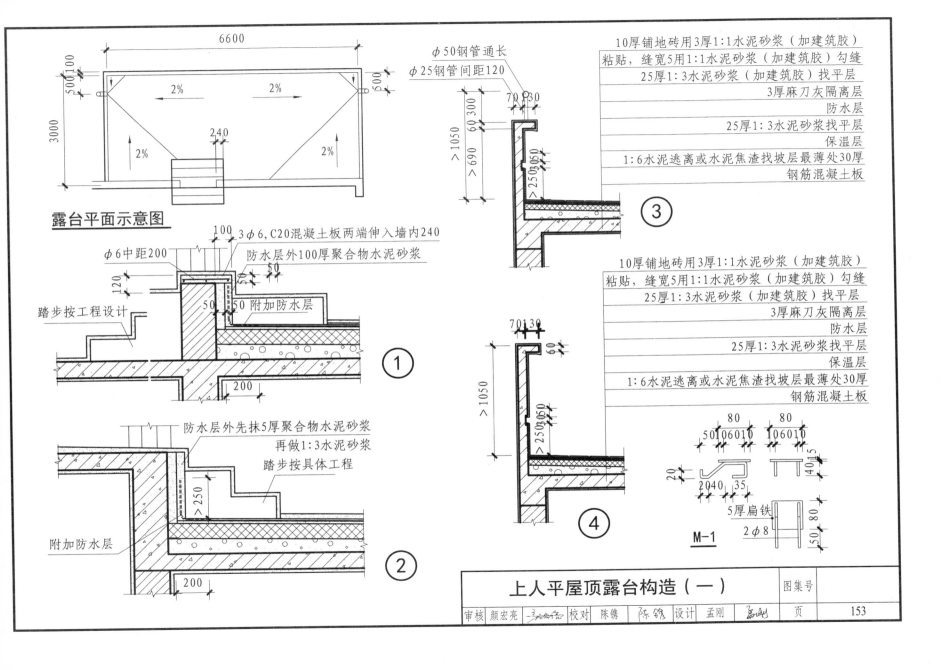

上人平屋顶露台构造（一）

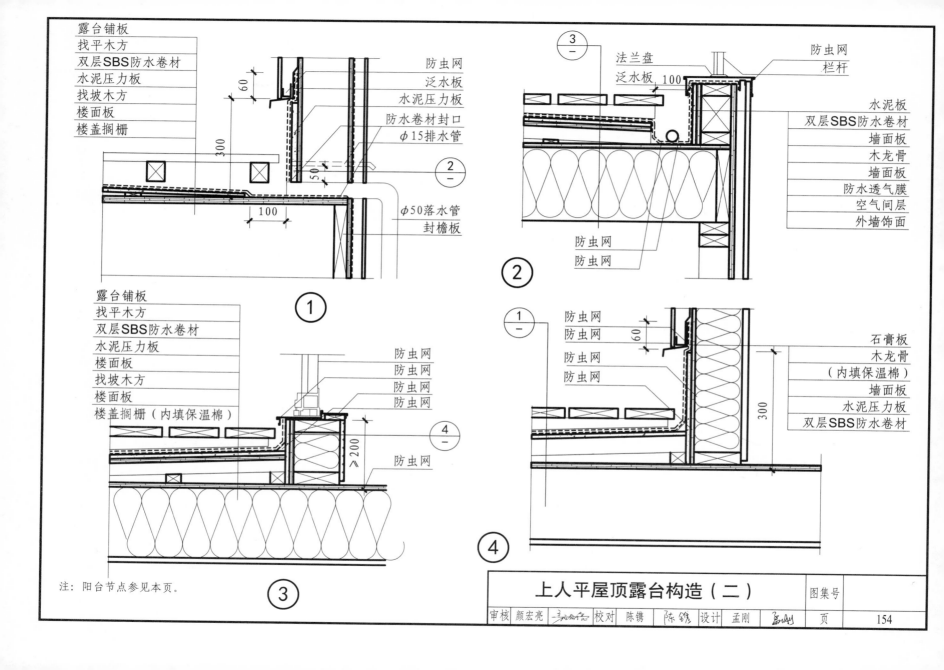

露台铺板
找平木方
双层SBS防水卷材
水泥压力板
找坡木方
楼面板
楼盖搁栅

300
60

100

③
—

防虫网
泛水板
水泥压力板
防水卷材封口
φ15排水管

②
—

φ50落水管
封檐板

50

①

露台铺板
找平木方
双层SBS防水卷材
水泥压力板
楼面板
找坡木方
楼面板
楼盖搁栅（内填保温棉）

防虫网
防虫网
防虫网
防虫网

④
—

＞200

防虫网

③

法兰盘
泛水板
100

防虫网
栏杆

水泥板
双层SBS防水卷材
墙面板
木龙骨
墙面板
防水透气膜
空气间层
外墙饰面

②

防虫网
防虫网

①
—

防虫网
防虫网
防虫网
防虫网

60

石膏板
木龙骨
（内填保温棉）
墙面板
水泥压力板
双层SBS防水卷材

300

④

注：阳台节点参见本页。

上人平屋顶露台构造（二）

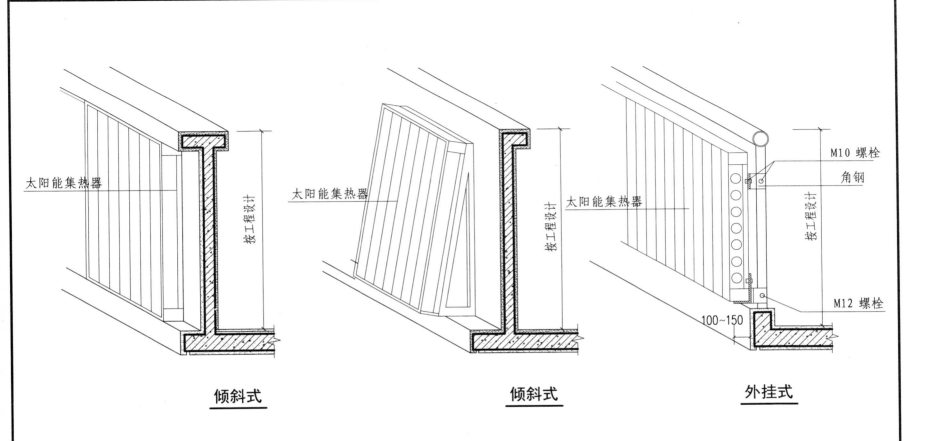

太阳能集热器

按工程设计

倾斜式

太阳能集热器

按工程设计

倾斜式

太阳能集热器

M10 螺栓

角钢

按工程设计

M12 螺栓

100~150

外挂式

注: 1. 集热器及其连接件的尺寸、规格、荷载、位置及安全要求等由厂家提供，
        预埋件的型号和长度等详见个体设计；施工时要确保定位无误。
     2. 集热器类型的选用应选取安全且不易破碎的。
     3. 金属连接件一律刷防锈漆两遍，磁漆2~4遍，颜色由设计认定。
     4. 既有建筑的阳台栏杆需经结构计算确保安全后方可安装集热器。

阳台太阳能集热器安装构造（一）	图集号	
审核 颜宏亮　　　校对 陈镌　陈镌　设计 孟刚	页	155

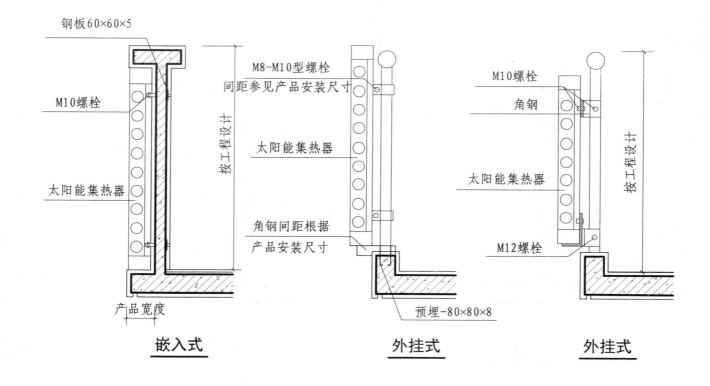

钢板60×60×5

M10螺栓

太阳能集热器

产品宽度

按工程设计

嵌入式

M8~M10型螺栓
间距参见产品安装尺寸

太阳能集热器

角钢间距根据
产品安装尺寸

预埋-80×80×8

外挂式

M10螺栓

角钢

太阳能集热器

M12螺栓

按工程设计

外挂式

注：1. 集热器及其连接件的尺寸、规格、荷载、位置及安全要求等由厂家提供，
  预埋件的型号和长度等详见个体设计；施工时要确保定位无误。
  2. 集热器类型的选用应选取安全且不易破碎的。
  3. 金属连接件一律刷防锈漆两遍，磁漆2~4遍，颜色由设计认定。
  4. 既有建筑的阳台栏杆需经结构计算确保安全后方可安装集热器。

阳台太阳能集热器安装构造（二）		图集号	
审核 颜宏亮 （签名） 校对 陈镌 陈镌 设计 孟刚 （签名）		页	156

雨篷构造

陶瓦穿铅丝与挂瓦条绑牢
（20×20挂瓦条）
8×25顺水条中距500
顺水条XB1与板中预埋锚筋用钢丝绑牢
钢筋混凝土预制板（XB1）

陶瓦穿铅丝与挂瓦条绑牢（20×20挂瓦条）
8×25顺水条中距500
顺水条XB1与板中预埋锚筋用钢丝绑牢
钢筋混凝土预制板（XB1）

墙厚

L_1

L_3 L_2 L_3

$H \leqslant 900$
（$H \leqslant 800$）

L_1

侧立面图

60

180

门洞

L_3 L_2 L_3

立面图

锚筋

墙厚

180

L_1

200

特色雨篷1轴测图

注：1. 雨篷侧面用M5水泥砂浆堵砌150厚加气混凝土砌块，外饰面材料及板
　　底饰面材料由设计者按说明选用。
2. 雨篷挂瓦形式有三种：筒瓦、平瓦及琉璃瓦，由设计者选用。
3. 雨篷悬挑长度L_1、门洞宽度L_2及瓦檐口高度H按工程设计。
4. 当门洞宽度L_2<1.5m时，L_3=370；
　　当门洞宽度$L_2 \geqslant 1.5$m时，L_3=500；
　　当悬挑长度L_1=1.2m时，采用括号中$H \leqslant 800$的尺寸。

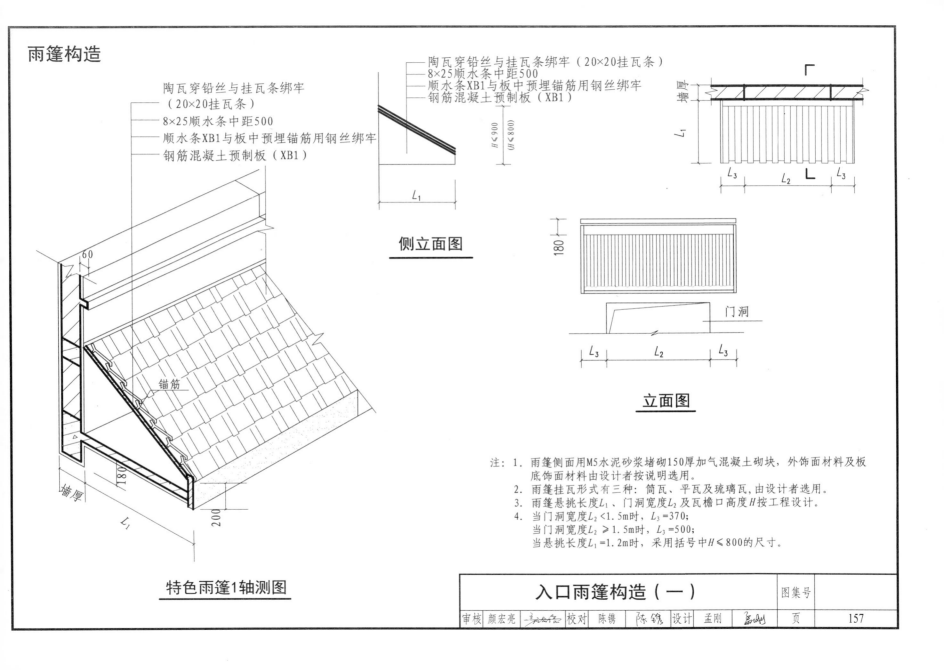

入口雨篷构造（一）		图集号	
审核 颜宏亮 　　　　校对 陈镌 陈镌 设计 孟刚		页	157

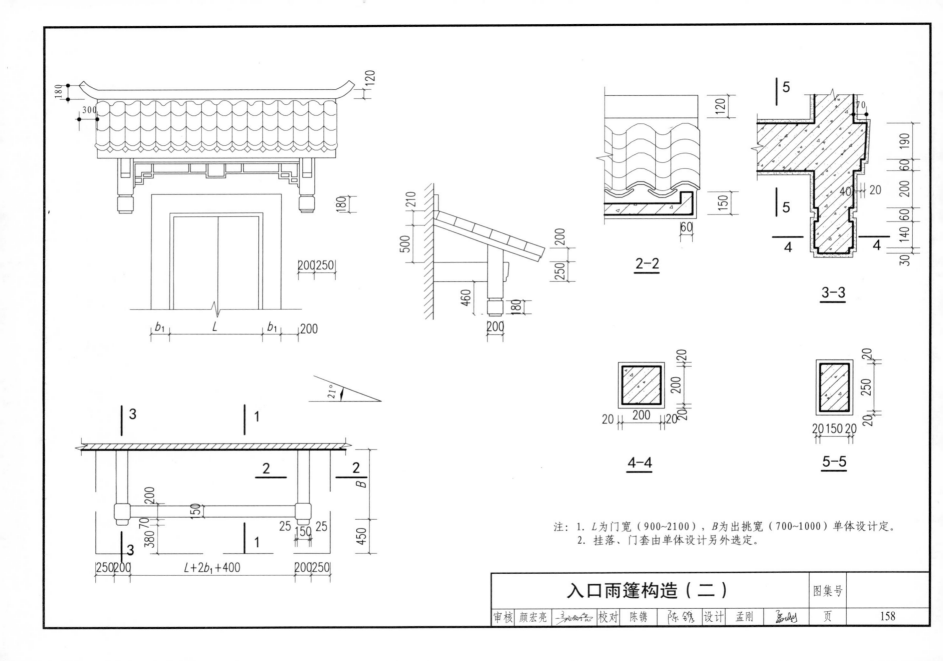

180

120

300

180

210
500
200
460
180
200

200 250

250

b₁ L b₁ 200

21°

3 1

2 2

200
150
380 70
25 150 25

3 1

B

450

250 200 L+2b₁+400 200 250

120

150

60

2-2

70

190
60
200
60
140
30

40 20

5

4 5 4

3-3

200
20
20 200 20

4-4

250
20
20 150 20

5-5

注：1. L为门宽（900~2100），B为出挑宽（700~1000）单体设计定。
    2. 挂落、门套由单体设计另外选定。

入口雨篷构造（二）

图集号

审核 颜宏亮 ⼀₂₃₄₅₆ 校对 陈镌 陈镌 设计 孟刚 孟刚

页 158

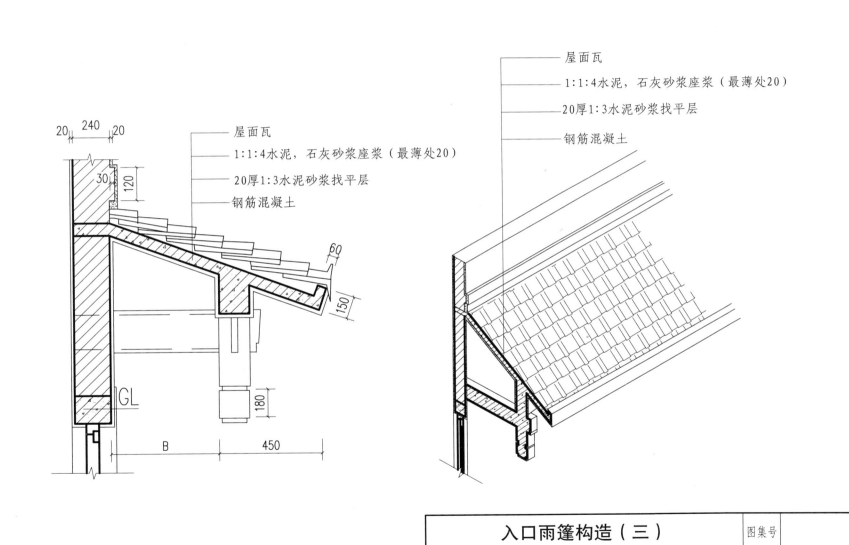

屋面瓦

1:1:4水泥，石灰砂浆座浆（最薄处20）

20厚1:3水泥砂浆找平层

钢筋混凝土

屋面瓦

1:1:4水泥，石灰砂浆座浆（最薄处20）

20厚1:3水泥砂浆找平层

钢筋混凝土

入口雨篷构造（三）	图集号	
审核 颜宏亮　　　　　校对 陈镌　陈镌　设计 孟刚	页	159

外檐装饰

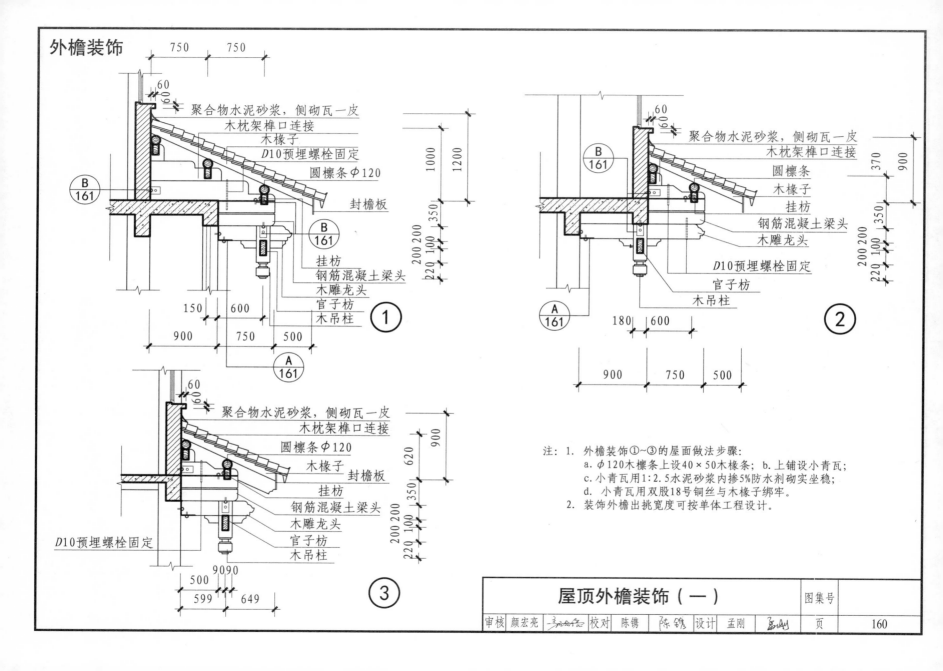

聚合物水泥砂浆,侧砌瓦一皮
木枕架榫口连接
木椽子
D10预埋螺栓固定
圆檩条φ120
封檐板

挂枋
钢筋混凝土梁头
木雕龙头
官子枋
木吊柱

①

聚合物水泥砂浆,侧砌瓦一皮
木枕架榫口连接
圆檩条
木椽子
挂枋
钢筋混凝土梁头
木雕龙头
D10预埋螺栓固定
官子枋
木吊柱

②

聚合物水泥砂浆,侧砌瓦一皮
木枕架榫口连接
圆檩条φ120
木椽子
封檐板
挂枋
钢筋混凝土梁头
木雕龙头
官子枋
木吊柱
D10预埋螺栓固定

③

注: 1. 外檐装饰①~③的屋面做法步骤:
　　a.φ120木檩条上设40×50木椽条;　b.上铺设小青瓦;
　　c.小青瓦用1:2.5水泥砂浆内掺5%防水剂砌实坐稳;
　　d. 小青瓦用双股18号铜丝与木椽子绑牢。
2. 装饰外檐出挑宽度可按单体工程设计。

屋顶外檐装饰（一）			图集号	
审核	颜宏亮	校对	陈镌	陈镌	设计	孟刚	页	160

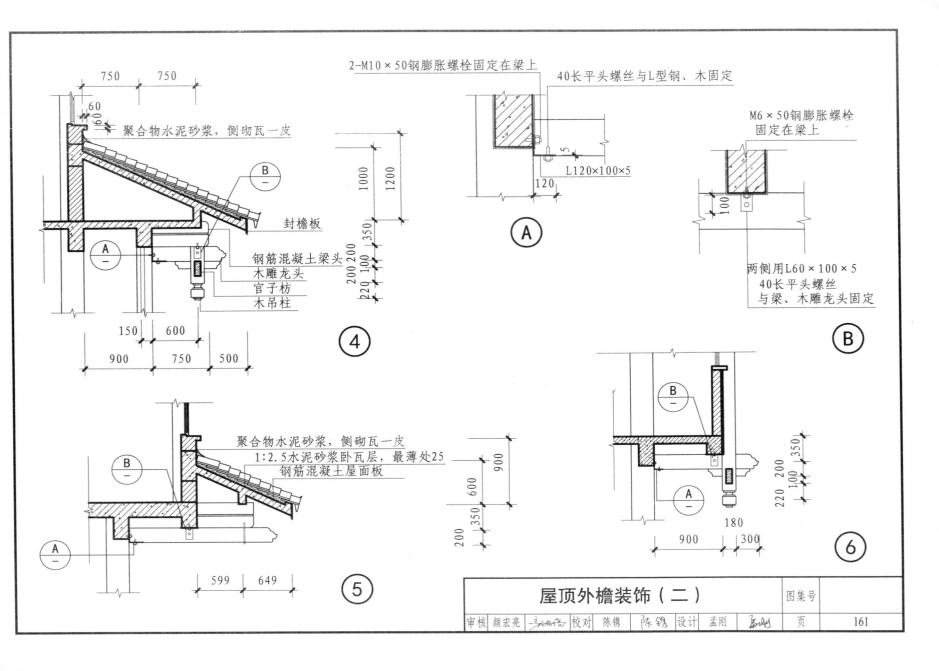

2-M10×50钢膨胀螺栓固定在梁上

40长平头螺丝与L型钢、木固定

M6×50钢膨胀螺栓
固定在梁上

聚合物水泥砂浆，侧砌瓦一皮

封檐板

钢筋混凝土梁头
木雕龙头
官子枋
木吊柱

L120×100×5

④

Ⓐ

Ⓑ

两侧用L60×100×5
40长平头螺丝
与梁、木雕龙头固定

聚合物水泥砂浆，侧砌瓦一皮
1:2.5水泥砂浆卧瓦层，最薄处25
钢筋混凝土屋面板

⑤

⑥

	屋顶外檐装饰（二）	图集号	
审核	颜宏亮 校对 陈镌 设计 孟刚	页	161

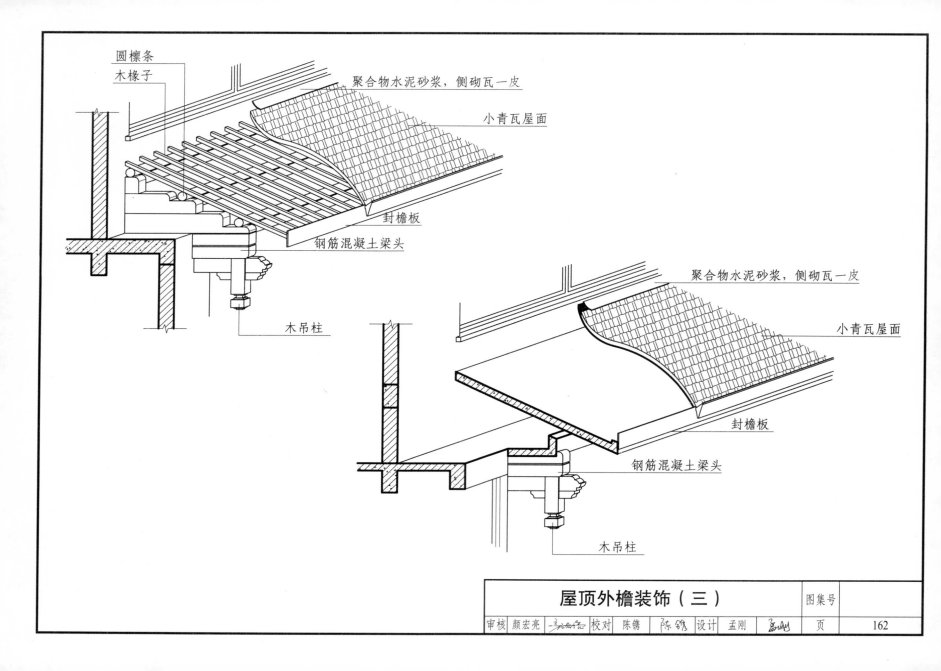

圆檩条

木椽子

聚合物水泥砂浆，侧砌瓦一皮

小青瓦屋面

封檐板

钢筋混凝土梁头

木吊柱

聚合物水泥砂浆，侧砌瓦一皮

小青瓦屋面

封檐板

钢筋混凝土梁头

木吊柱

屋顶外檐装饰（三）

图集号

审核 颜宏亮　校对 陈镌　陈镌　设计 孟刚

页 162

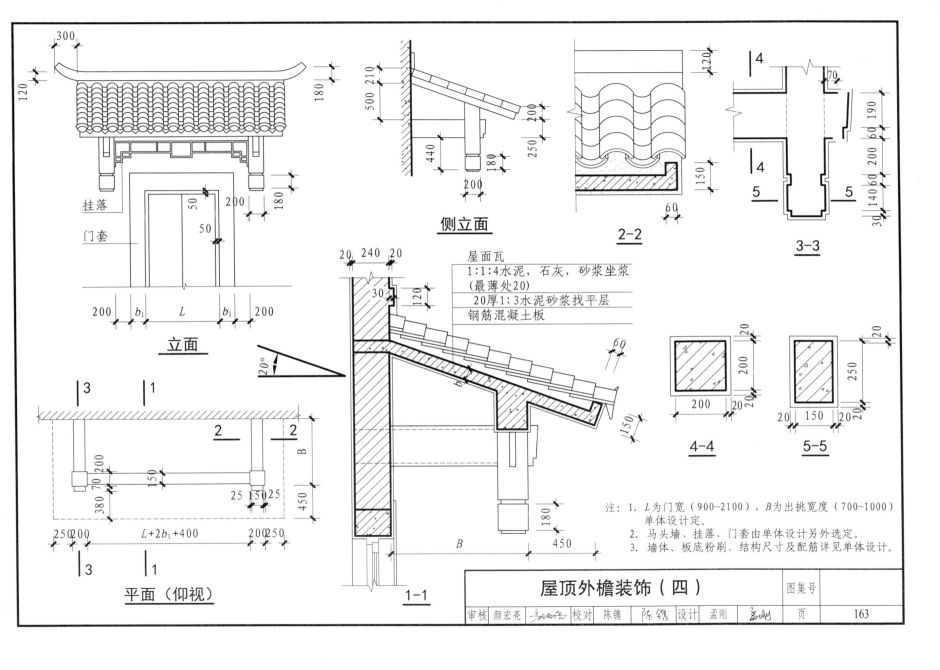

挂落

门套

立面

平面（仰视）

侧立面

2-2

3-3

屋面瓦
1:1:4水泥，石灰，砂浆坐浆
（最薄处20）
20厚1:3水泥砂浆找平层
钢筋混凝土板

4-4

5-5

1-1

注：1. L为门宽（900~2100），B为出挑宽度（700~1000）
       单体设计定。
    2. 马头墙、挂落、门套由单体设计另外选定。
    3. 墙体、板底粉刷、结构尺寸及配筋详见单体设计。

屋顶外檐装饰（四）

审核	颜宏亮		校对	陈镌	陈镌	设计	孟刚		页	163

图集号

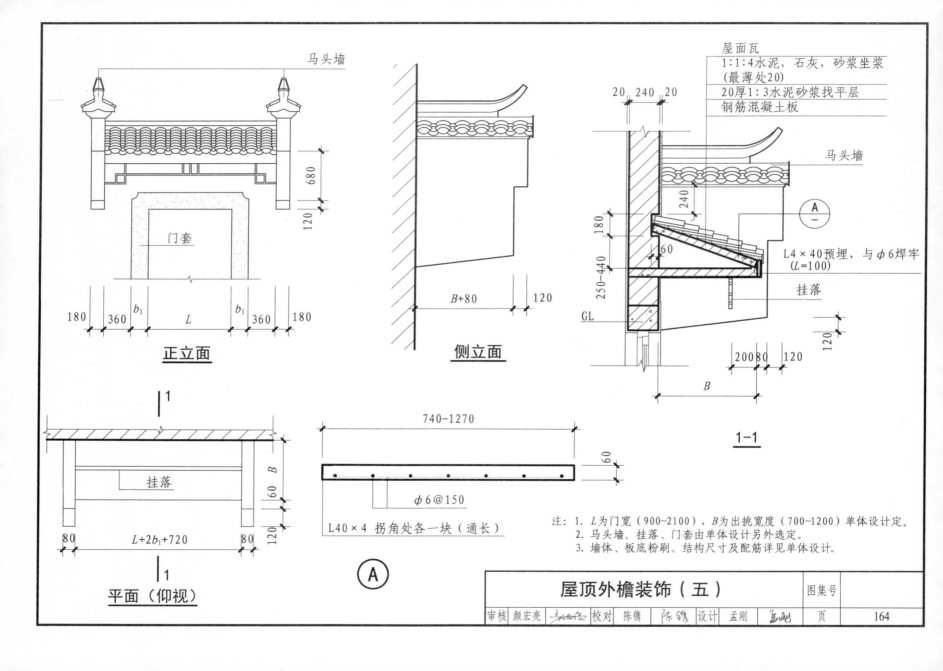

马头墙

680

120

门套

180 360 b_1 L b_1 360 180

正立面

屋面瓦
1:1:4水泥，石灰，砂浆坐浆
（最薄处20）
20厚1:3水泥砂浆找平层
钢筋混凝土板

20 240 20

马头墙

240

180

60

250~440

GL

L4×40预埋，与ϕ6焊牢
（L=100）

挂落

200 80 120

120

B

1—1

B+80 120

侧立面

挂落

80 $L+2b_1+720$ 80

60 B

60

120

平面（仰视）

740~1270

60

ϕ6@150

L40×4 拐角处各一块（通长）

注：1. L为门宽（900~2100），B为出挑宽度（700~1200）单体设计定。
　　2. 马头墙、挂落、门套由单体设计另外选定。
　　3. 墙体、板底粉刷、结构尺寸及配筋详见单体设计。

Ⓐ

屋顶外檐装饰（五）		图集号	
审核 颜宏亮	校对 陈镱 陈镱	设计 孟刚 孟刚	页 164

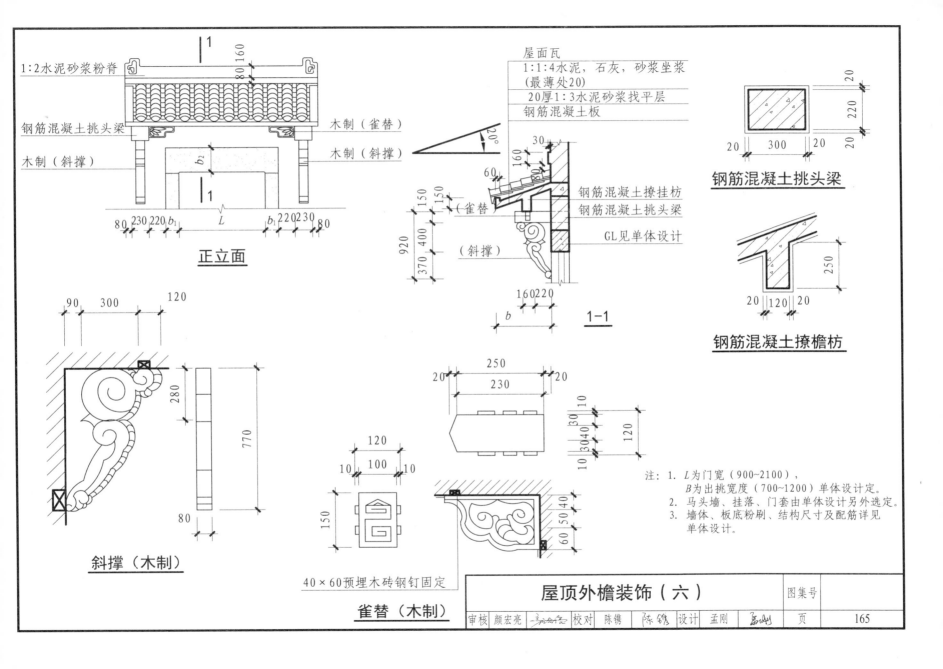

1:2水泥砂浆粉脊

钢筋混凝土挑头梁

木制（斜撑）

正立面

屋面瓦
1:1:4水泥，石灰，砂浆坐浆
（最薄处20）
20厚1:3水泥砂浆找平层
钢筋混凝土板

20°

木制（雀替）

木制（斜撑）

钢筋混凝土撩挂枋
钢筋混凝土挑头梁

（雀替）

（斜撑）

GL见单体设计

1-1

钢筋混凝土挑头梁

钢筋混凝土撩檐枋

斜撑（木制）

40×60预埋木砖钢钉固定

雀替（木制）

注：1. L为门宽（900~2100），
　　　B为出挑宽度（700~1200）单体设计定。
　　2. 马头墙、挂落、门套由单体设计另外选定。
　　3. 墙体、板底粉刷、结构尺寸及配筋详见
　　　单体设计。

屋顶外檐装饰（六）		图集号	
审核 颜宏亮	校对 陈镌 陈镌	设计 孟刚	页 165